U0794373

KUWEI
酷威文化
图书 影视

了凡四训

[明] 袁了凡 著
吴婉绚 译注

北方联合出版传媒（集团）股份有限公司
万卷出版公司

原文

译文

附录

原文

立命之学

余童年丧父，老母命弃举业学医，谓可以养生[①]，可以济人，且习一艺[②]以成名，尔父夙心也。

后余在慈云寺，遇一老者，修髯伟貌，飘飘若仙。余敬礼之。语余曰："子仕路中人也，明年即进学，何

---

①养生：养家糊口。

②艺：手艺。

不读书？”余告以故，并叩[1]老者姓氏里居[2]。曰：“吾姓孔，云南人也。得邵子皇极数正传，数该传汝。”余引之归，告母。母曰：“善待之。”

试其数，纤悉皆验。

余遂启[3]读书之念，谋[4]之表兄沈称，言：“郁海谷先生，在沈友夫家开馆，我送汝寄学甚便。”余遂礼[5]郁为师。

孔为余起数[6]：县考童生，当十四名；府考七十一名，

---

①叩：询问。

②里居：故乡。

③启：兴起，动起。

④谋：商量，商议。

⑤礼：名词活用作动词，拜……为师。

⑥起数：占卜，卜算。

提学考第九名。明年赴考，三处名数皆合。复为卜终身休咎[①]，言：某年考第几名，某年当补廪，某年当贡，贡后某年，当选四川一大尹，在任三年半，即宜告归[②]。五十三岁八月十四日丑时，当终于正寝，惜无子。余备录而谨记之。

自此以后，凡遇考校，其名数先后，皆不出孔公所悬定[③]者。独算余食廪米九十一石五斗当出贡，及食米七十一石，屠宗师即批准补贡，余窃疑之。

后果为署印杨公所驳，直至丁卯年，殷秋溟宗师见

① 休咎：祸福旦夕。

② 告归：辞官，告老还乡。

③ 悬定：预测，推算。

余场中备卷，叹曰：“五策，即五篇奏议也，岂可使博洽淹贯[①]之儒，老于窗下乎！”遂依县申文准贡，连前食米计之，实九十一石五斗也。余因此益信进退有命，迟速有时，澹然[②]无求矣。

贡入燕都，留京一年，终日静坐，不阅文字。己巳归，游南雍，未入监，先访云谷会禅师于栖霞山中，对坐一室，凡三昼夜不瞑目[③]。

云谷问曰：“凡人所以不得作圣者，只为妄念相缠耳。汝坐三日，不见起一妄念，何也？”

---

①博洽淹贯：知识广博，融会贯通。

②澹然：淡泊的样子。

③瞑目：闭上眼睛。

余曰：“吾为孔先生算定，荣辱生死，皆有定数[①]，即要妄想，亦无可妄想。”

云谷笑曰：“我待汝是豪杰，原来只是凡夫。”问其故。曰：“人未能无心，终为阴阳所缚，安得无数？但惟凡人有数；极善之人，数固拘他不定；极恶之人，数亦拘他不定。汝二十年来，被他算定，不曾转动一毫，岂非是凡夫？”

余问曰：“然则数可逃乎？”曰：“命由我作，福自己求。诗书所称，的为明训。我教典中说：‘求富贵得富贵，求男女得男女，求长寿得长寿。’夫妄语乃释迦

① 定数：一定的气数、命运。

大戒，诸佛菩萨，岂诳语[①]欺人？”

余进曰：“孟子言：‘求则得之。’是求在我者也。道德仁义可以力求；功名富贵，如何求得？”云谷曰：“孟子之言不错，汝自错解耳。汝不见六祖说：‘一切福田，不离方寸[②]；从心而觅，感无不通。’求在我，不独得道德仁义，亦得功名富贵；内外双得，是求有益于得也。

“若不反躬内省，而徒向外驰求，则求之有道，而得之有命矣，内外双失，故无益。”

因问：“孔公算汝终身若何？”余以实告。云谷曰：“汝自揣应得科第否？应生子否？”

---

① 诳语：谎话。

② 方寸：此处指“心”。

余追省良久，曰："不应也。科第中人，类有福相，余福薄，又不能积功累行，以基厚福；兼不耐烦剧[①]，不能容人；时或以才智盖人，直心直行，轻言妄谈。凡此皆薄福之相也，岂宜科第哉。

"地之秽者多生物，水之清者常无鱼；余好洁，宜无子者一；和气能育万物，余善怒，宜无子者二；爱为生生之本，忍为不育之根；余矜惜名节，常不能舍己救人，宜无子者三；多言耗气，宜无子者四；喜饮铄精，宜无子者五；好彻夜长坐，而不知葆元毓神[②]，宜无子者六。其余过恶尚多，不能悉数。"

---

① 烦剧：烦琐，零碎的小事。

② 葆元毓神：保存精气，养育心神。葆，保持。毓，养育。

云谷曰："岂惟科第哉。世间享千金之产者，定是千金人物；享百金之产者，定是百金人物；应饿死者，定是饿死人物；天不过因材而笃，几曾加纤毫意思。即如生子，有百世之德者，定有百世子孙保之；有十世之德者，定有十世子孙保之；有三世二世之德者，定有三世二世子孙保之；其斩焉无后者，德至薄也。汝今既知非，将向来不发科第，及不生子之相，尽情改刷；务要积德，务要包荒[①]，务要和爱，务要惜精神。从前种种，譬如昨日死；从后种种，譬如今日生：此义理再生之身。

"夫血肉之身，尚然有数；义理之身，岂不能格

① 包荒：包涵，宽容。

天[①]。《太甲》曰：‘天作孽，犹可违；自作孽，不可活。’诗云：‘永言配命，自求多福。’

孔先生算汝不登科第，不生子者，此天作之孽，犹可得而违；汝今扩充德性，力行善事，多积阴德，此自己所作之福也，安得而不受享乎？

《易》为君子谋，趋吉避凶；若言天命有常，吉何可趋，凶何可避？开章第一义，便说：‘积善之家，必有余庆。’汝信得及否？”余信其言，拜而受教。

因[②]将往日之罪，佛前尽情发露，为疏一通，先求登科；誓行善事三千条，以报天地祖宗之德。

---

① 格天：感动上天。

② 因：于是。

云谷出功过格示余，令所行之事，逐日登记；善则记数，恶则退除，且教持准提咒，以期必验。语余曰：“符箓[①]家有云：‘不会书符，被鬼神笑。’此有秘传，只是不动念也。执笔书符，先把万缘放下，一尘不起。从此念头不动处，下一点，谓之混沌开基。由此而一笔挥成，更无思虑，此符便灵。

“凡祈天立命，都要从无思无虑处感格。孟子论立命之学，而曰：‘夭寿不贰。’夫夭寿，至贰者也。当其不动念时，孰为夭，孰为寿？细分之，丰歉不贰，然后可立贫富之命；穷通不贰，然后可立贵贱之命；夭寿不

① 符箓：道家的符咒。

贰，然后可立生死之命。人生世间，惟死生为重，曰天寿，则一切顺逆皆该之矣。

“至修身以俟[1]之，乃积德祈天之事。曰‘修’，则身有过恶，皆当治而去之；曰‘俟’，则一毫觊觎，一毫将迎，皆当斩绝之矣。到此地位，直造先天之境，即此便是实学。汝未能无心，但能持《准提咒》，无记无数，不令间断，持得纯熟，于持中不持，于不持中持。到得念头不动，则灵验矣。”

余初号“学海”，是日改号“了凡”；盖悟立命之说，而不欲落凡夫窠臼也。从此而后，终日兢兢，便觉与前

---

① 俟：等待。

不同。前日[①]只是悠悠放任，到此自有战兢惕厉景象，在暗室屋漏[②]中，常恐得罪天地鬼神；遇人憎我毁我，自能恬然容受。

到明年，礼部考科举，孔先生算该第三，忽考第一，其言不验，而秋闱[③]中式[④]矣。然行义未纯，检身多误：或见善而行之不勇，或救人而心常自疑；或身勉为善，而口有过言；或醒时操持，而醉后放逸。以过折功，日常虚度。自己巳岁发愿，直至己卯岁，历十余年，而

---

①前日：从前。

②暗室屋漏：无人能看见的私人场所。

③秋闱：也称“秋试”。明清时乡试每隔三年于八月间在各省省城举行，因时值秋季而得名。闱，考场。

④中式：科举考试被录取。

三千善行始完。

时方从李渐庵入关，未及回向。庚辰南还，始请性空、慧空诸上人，就东塔禅堂回向。遂起求子愿，亦许行三千善事。辛巳，生男天启。余行一事，随以笔记；汝母不能书[①]，每行一事，辄用鹅毛管，印一朱圈于历日之上。或施食贫人，或放生命，一日有多至十余圈者。至癸未八月，三千之数已满。复请性空辈[②]，就家庭回向。

九月十三日，复起求中进士愿，许行善事一万条，丙戌登第，授宝坻知县。余置空格一册，名曰《治心篇》。晨起坐堂，家人携付门役，置案上，所行善恶，纤悉必

① 书：名词活用作动词，书写。

② 辈：等，类（指人）。

记。夜则设桌于庭，效[①]赵阅道焚香告帝。

汝母见所行不多，辄颦蹙[②]曰：“我前在家，相助为善，故三千之数得完；今许一万，衙中无事可行，何时得圆满乎？”夜间偶梦见一神人，余言善事难完之故。神曰：“只减粮一节，万行俱完矣。”

盖宝坻之田，每亩二分三厘七毫。余为区处[③]，减至一分四厘六毫，委有此事，心颇惊疑。适[④]幻余禅师自五台来，余以梦告之，且问此事宜信否？师曰：“善心

---

①效：效仿。

②颦蹙：皱紧眉头。

③区处：处理，筹划安排。

④适：恰逢。

真切，即一行可当万善，况合县减粮，万民受福乎！”吾即捐俸银，请其就五台山斋僧一万而回向之。

孔公算予五十三岁有厄，余未尝祈寿，是岁竟无恙，今六十九矣。《书》曰：“天难谌[①]，命靡常。”又云：“惟命不于常。”皆非诳语。吾于是而知，凡称祸福自己求之者，乃圣贤之言；若谓祸福惟天所命，则世俗之论矣。汝之命，未知若何？即命当荣显，常作落寞想；即时当顺利，常作拂逆想；即眼前足食，常作贫窭想；即人相爱敬，常作恐惧想；即家世望重，常作卑下想；即学问颇优，常作浅陋想。

---

① 谌：信任。

远思扬祖宗之德，近思盖父母之愆[①]；上思报国之恩，下思造家之福；外思济人之急，内思闲[②]己之邪。务要日日知非，日日改过；一日不知非，即一日安于自是；一日无过可改，即一日无步可进。天下聪明俊秀不少，所以德不加修，业不加广者，只为因循二字，耽阁一生。云谷禅师所授立命之说，乃至精至邃、至真至正之理，其熟玩而勉行之，毋自旷也。

---

① 愆：过错，做得不好的地方。

② 闲：阻止，限制。

改过之法

春秋诸大夫，见人言动，亿[①]而谈其祸福，靡不验者，《左》、《国》诸记可观也。大都吉凶之兆，萌乎心而动乎四体，其过于厚者常获福，过于薄者常近祸，俗眼多翳[②]，谓有未定而不可测者。至诚合天，福之将至，观其善而必先知之矣；祸之将至，观其不善而必先知之

① 亿：通“臆”，猜想，推断。

② 翳：一种眼疾，导致看不清。

矣。今欲获福而远祸，未论行善，先须改过。

但改过者，第一，要发耻心。思古之圣贤，与我同为丈夫，彼何以百世可师？我何以一身瓦裂？耽染尘情，私行不义，谓人不知，傲然无愧，将日沦于禽兽而不自知矣；世之可羞可耻者，莫大乎此。孟子曰：“耻之于人大矣。”以其得之则圣贤，失之则禽兽耳。此改过之要机[①]也。

第二，要发畏心。天地在上，鬼神难欺，吾虽过在隐微，而天地鬼神，实鉴临之，重则降之百殃，轻则损其现福，吾何可以不惧？

① 要机：要诀，要点。

不惟此也。闲居之地，指视昭然；吾虽掩之甚密，文[①]之甚巧，而肺肝早露，终难自欺；被人觑破，不值一文矣，乌得不懔懔[②]？

不惟是也。一息尚存，弥天之恶，犹可悔改；古人有一生作恶，临死悔悟，发一善念，遂得善终者。谓一念猛厉，足以涤百年之恶也。譬如千年幽谷，一灯才照，则千年之暗俱除；故过不论久近，惟以改为贵。但尘世无常，肉身易殒，一息不属，欲改无由矣。明则千百年担负恶名，虽孝子慈孙，不能洗涤；幽则千百劫沉沦狱报，虽圣贤佛菩萨，不能援引，乌得不畏？

---

① 文：掩饰，修饰。

② 懔懔：危惧的样子。

第三，须发勇心。人不改过，多是因循[1]退缩；吾须奋然振作，不用迟疑，不烦等待。小者如芒刺在肉，速与抉剔；大者如毒蛇啮指，速与斩除，无丝毫凝滞。此风雷之所以为益也。

具是三心，则有过斯改，如春冰遇日，何患不消乎？然人之过，有从事上改者，有从理上改者，有从心上改者；工夫不同，效验亦异。如前日杀生，今戒不杀；前日怒詈[2]，今戒不怒：此就其事而改之者也。强制于外，其难百倍，且病根终在，东灭西生，非究竟廓然之道也。

善改过者，未禁其事，先明其理。如过在杀生，即

---

① 因循：犹豫不决。

② 怒詈：发怒咒骂。

思曰：上帝好生，物皆恋命，杀彼养己，岂能自安？且彼之杀也，既受屠割，复入鼎镬，种种痛苦，彻入骨髓；己之养也，珍膏罗列，食过即空，疏食菜羹，尽可充腹，何必戕彼之生，损己之福哉？又思血气之属，皆含灵知，既有灵知，皆我一体；纵不能躬修至德，使之尊我亲我，岂可日戕物命，使之仇我憾我于无穷也？一思及此，将有对食痛心，不能下咽者矣。

如前日好怒，必思曰：人有不及，情所宜矜[①]；悖理相干，于我何与？本无可怒者。又思天下无自是之豪杰，亦无尤人之学问；行有不得，皆己之德未修，感未至也。

① 矜：同情，怜惜。

吾悉以自反，则谤毁之来，皆磨炼玉成之地；我将欢然受赐，何怒之有？

又闻谤而不怒，虽谗焰熏天，如举火焚空，终将自息；闻谤而怒，虽巧心力辩，如春蚕作茧，自取缠绵。怒不惟无益，且有害也。其余种种过恶，皆当据理思之。此理既明，过将自止。

何谓从心而改？过有千端，惟心所造；吾心不动，过安从生？学者于好色、好名、好货、好怒，种种诸过，不必逐类寻求，但当一心为善，正念现前，邪念自然污染不上。如太阳当空，魍魉[1]潜消，此精一之真传也。

---

① 魍魉：古时候的妖怪。

过由心造，亦由心改，如斩毒树，直断其根，奚必枝枝而伐，叶叶而摘哉？

大抵最上者治心，当下清净；才动即觉，觉之即无；苟未能然，须明理以遣之；又未能然，须随事以禁之。以上事而兼行下功，未为失策；执下而昧上，则拙矣。

顾发愿改过，明须良朋提醒，幽须鬼神证明。一心忏悔，昼夜不懈，经一七[①]、二七，以至一月、二月、三月，必有效验。或觉心神恬旷；或觉智慧顿开；或处冗沓[②]而触念皆通；或遇怨仇而回嗔作喜；或梦吐黑物；或梦往圣先贤，提携接引；或梦飞步太虚；或梦幢幡宝盖：

① 一七：一周。

② 冗沓：劳累烦琐。

种种胜事，皆过消罪灭之象也。然不得执此自高，画而不进。

昔蘧伯玉当二十岁时，已觉前日之非而尽改之矣。至二十一岁，乃知前之所改，未尽也；及二十二岁，回视二十一岁，犹在梦中。岁复一岁，递递改之。行年五十，而犹知四十九年之非。古人改过之学如此。

吾辈身为凡流，过恶猬集，而回思往事，常若不见其有过者，心粗而眼翳也。 然人之过恶深重者，亦有效验：或心神昏塞，转头即忘；或无事而常烦恼；或见君子而赧然相沮；或闻正论而不乐；或施惠而人反怨；或夜梦颠倒，甚则妄言失志：皆作孽之相也。苟一类此，即须奋发，舍旧图新，幸勿自误。

积善之方

《易》曰："积善之家，必有余庆。"昔颜氏将以女妻[①]叔梁纥，而历叙其祖宗积德之长，逆知[②]其子孙必有兴者。

孔子称舜之大孝，曰："宗庙飨[③]之，子孙保之。"

---

① 妻：名词活用作动词，嫁给……为妻。

② 逆知：预料。

③ 飨：以美食款待。

皆至论也。试以往事征[1]之。

杨少师荣，建宁人，世以济渡为生。久雨溪涨，横流冲毁民居，溺死者顺流而下，他舟皆捞取货物，独少师曾祖及祖，惟救人，而货物一无所取，乡人嗤其愚。逮[2]少师父生，家渐裕。有神人化为道者，语之曰："汝祖父有阴功，子孙当贵显，宜葬某地。"遂依其所指而窆[3]之，即今白兔坟也。后生少师，弱冠登第，位至三公，加曾祖、祖、父，如其官。子孙贵盛，至今尚多贤者。

鄞人杨自惩，初为县吏，存心仁厚，守法公平。时

---

①征：验证。

②逮：到了。

③窆：埋葬。

县宰严肃，偶挞一囚，血流满前，而怒犹未息。杨跪而宽解之。宰曰："怎奈此人越法悖理，不由人不怒。"自惩叩首曰："上失其道，民散久矣。如得其情，哀矜勿喜。喜且不可，而况怒乎？"宰为之霁颜[①]。家甚贫，馈遗一无所取。遇囚人乏粮，常多方以济之。一日，有新囚数人待哺，家又缺米。给囚则家人无食，自顾则囚人堪悯。与其妇商之，妇曰："囚从何来？"曰："自杭而来。沿路忍饥，菜色可掬。"

因撤己之米，煮粥以食囚。后生二子，长曰守陈，次曰守址，为南北吏部侍郎。长孙为刑部侍郎，次孙为

① 霁颜：神色缓和。

四川廉宪，又俱为名臣。今楚亭德政，亦其裔也。

昔正统间，邓茂七倡乱于福建，士民从贼者甚众。朝廷起鄞县张都宪楷南征，以计擒贼。后委[1]布政司谢都事，搜杀东路贼党。谢求贼中党附册籍，凡不附贼者，密授以白布小旗，约兵至日插旗门首，戒军兵无妄杀，全活万人。后谢之子迁，中状元，为宰辅。孙丕，复中探花。

莆田林氏，先世有老母好善，常作粉团施人，求取即与之，无倦色。一仙化为道人，每旦索食六七团。母日日与之，终三年如一日，乃知其诚也。因谓之曰："吾

① 委：委派，任命。

食汝三年粉团，何以报汝？府后有一地，葬之，子孙官爵，有一升麻子之数。”

其子依所点葬之，初世即有九人登第，累代簪缨[1]甚盛。福建有“无林不开榜”之谣。

冯琢庵太史之父，为邑庠生，隆冬早起赴学，路遇一人，倒卧雪中，扪之，半僵矣，遂解己绵裘衣[2]之，且扶归救苏。梦神告之曰：“汝救人一命，出至诚心，吾遣韩琦为汝子。”及生琢庵，遂名琦。

台州应尚书，壮年习业于山中。夜鬼啸集，往往惊人，公不惧也。一夕闻鬼云：“某妇以夫久客不归，翁

① 簪缨：古代官员帽子上的装饰，指代达官显贵。

② 衣：名词活用作动词，披上。

姑[1]逼其嫁人。明夜当缢死于此，吾得代矣。”公潜[2]卖田，得银四两，即伪作其夫之书，寄银还家。其父母见书，以手迹不类，疑之。既而曰：“书可假，银不可假，想儿无恙。”妇遂不嫁。其子后归，夫妇相保如初。公又闻鬼语曰：“我当得代，奈此秀才坏吾事。”

旁一鬼曰：“尔何不祸之？”曰：“上帝以此人心好，命作阴德尚书矣，吾何得而祸[3]之？”

应公因此益自努励，善日加修，德日加厚。遇岁饥，辄捐谷以赈之；遇亲戚有急，辄委曲维持；遇有横逆，

---

①翁姑：丈夫的父母，公婆。

②潜：暗地里，私下。

③祸：名词活用作动词，祸害。

辄反躬自责，怡然顺受。子孙登科第者，今累累也。

常熟徐凤竹栻，其父素富。偶遇年荒，先捐租以为同邑之倡，又分谷以赈贫乏。夜闻鬼唱于门曰：“千不诓，万不诓，徐家秀才，做到了举人郎。”相续而呼，连夜不断。是岁，凤竹果举于乡。其父因而益积德，孳孳[①]不怠，修桥修路，斋僧接众，凡有利益，无不尽心。后又闻鬼唱于门曰：“千不诓，万不诓，徐家举人，直做到都堂。”凤竹官终两浙巡抚。

嘉兴屠康僖公，初为刑部主事，宿狱中，细询诸囚情状，得无辜者若干人。公不自以为功，密疏[②]其事，

---

① 孳孳：通“孜孜”，形容毫不懈怠。

② 疏：上书。

以白[①]堂官。后朝审，堂官摘其语，以讯诸囚，无不服者，释冤抑十余人。一时辇下咸[②]颂尚书之明。

公复禀曰："辇毂[③]之下，尚多冤民；四海之广，兆民之众，岂无枉者？宜五年差一减刑官，核实而平反之。"

尚书为奏，允其议，时公亦差减刑之列。梦一神告之曰："汝命无子，今减刑之议，深合天心，上帝赐汝三子，皆衣紫腰金。"是夕夫人有娠，后生应埙、应坤、应埈，皆显官。

嘉兴包凭，字信之，其父为池阳太守，生七子，凭

---

① 白：告知。

② 咸：都。

③ 辇毂：皇帝的车子，这里指代京城。

最少，赘平湖袁氏，与吾父往来甚厚。博学高才，累举不第，留心二氏[①]之学。一日东游泖湖，偶至一村寺中，见观音像，淋漓露立，即解橐中得十金，授主僧，令修屋宇。僧告以功大银少，不能竣事。复取松布四匹，检箧中衣七件与之，内纻褶，系新置，其仆请已之，凭曰："但得圣像无恙，吾虽裸裎何伤？"僧垂泪曰："舍银及衣布，犹非难事；只此一点心，如何易得。"

后功完，拉老父同游，宿寺中。公梦伽蓝来谢曰："汝子当享世禄矣。"后子汴、孙柽芳，皆登第，作显官。

嘉善支立之父，为刑房吏。有囚无辜陷重辟，意

① 二氏：佛家和道家。

哀之，欲求其生。囚语其妻曰："支公嘉意，愧无以报。明日延[1]之下乡，汝以身事[2]之。彼或肯用意，则我可生也。"其妻泣而听命。及至，妻自出劝酒，具告以夫意，支不听。卒为尽力平反之。囚出狱，夫妻登门叩谢曰："公如此厚德，晚世所稀。今无子，吾有弱女，送为箕帚妾，此则礼之可通者。"支为备礼而纳之，生立，弱冠中魁，官至翰林孔目。立生高，高生禄，皆贡为学博。禄生大纶，登第。

凡此十条，所行不同，同归于善而已。若复精而言之，则善有真，有假；有端，有曲；有阴，有阳；有是，

---

①延：通"宴"，宴请。

②事：名词活用为动词，伺候。

有非；有偏，有正；有半，有满；有大，有小；有难，有易；皆当深辨。为善而不穷理，则自谓行持，岂知造孽，枉费苦心，无益也。

何谓真假？昔有儒生数辈，谒[①]中峰和尚，问曰：“佛氏论善恶报应，如影随形。今某人善，而子孙不兴；某人恶，而家门隆盛：佛说无稽矣。”

中峰云：“凡情未涤，正眼未开，认善为恶，指恶为善，往往有之。不憾己之是非颠倒，而反怨天之报应有差乎？”

众曰：“善恶何致相反？”

① 谒：拜见，求见。

中峰令试言其状。

一人谓："詈人殴人是恶，敬人礼人是善。"

中峰云："未必然也。"

一人谓："贪财妄取是恶，廉洁有守是善。"

中峰云："未必然也。"

众人历言其状，中峰皆谓不然。因请问。中峰告之曰："有益于人，是善，有益于己，是恶。有益于人，则殴人、詈人皆善也；有益于己，则敬人、礼人皆恶也。是故人之行善，利人者公，公则为真；利己者私，私则为假。又根心[①]者真，袭迹者假。又无为而为者真，有

① 根心：发自内心。

为而为者假。皆当自考。”

何谓端曲？今人见谨愿之士，类[①]称为善而取之；圣人则宁取狂狷[②]。至于谨愿之士，虽一乡皆好，而必以为德之贼。是世人之善恶，分明与圣人相反。推此一端，种种取舍，无有不谬。天地鬼神之福善祸淫，皆与圣人同是非，而不与世俗同取舍。凡欲积善，决不可徇耳目，惟从心源隐微处，默默洗涤。纯是济世之心，则为端；苟有一毫媚世之心，即为曲。纯是爱人之心，则为端；有一毫愤世之心，即为曲。纯是敬人之心，则为端；有一毫玩世之心，即为曲。皆当细辨。

---

①类：大都。

②狂狷：放纵而不遵礼法的人。

何谓阴阳？凡为善而人知之，则为阳善；为善而人不知，则为阴德。阴德，天报之；阳善，享世名。名，亦福也。名者，造物所忌。世之享盛名而实不副者，多有奇祸；人之无过咎而横被恶名者，子孙往往骤发。阴阳之际微矣哉。

何谓是非？鲁国之法，鲁人有赎人臣妾[①]于诸侯，皆受金于府。子贡赎人而不受金。孔子闻而恶之曰："赐失之矣。夫圣人举事，可以移风易俗，而教道可施于百姓，非独适[②]己之行也。今鲁国富者寡而贫者众，受金则为不廉，何以相赎乎？自今以后，不复赎人于诸

---

①臣妾：服贱役的男女。

②适：使……感到舒适。

侯矣。”

子路拯人于溺，其人谢之以牛。子路受之。孔子喜曰:“自今鲁国多拯人于溺矣。”

自俗眼观之，子贡不受金为优，子路之受牛为劣，孔子则取由而黜赐焉。乃知人之为善，不论现行而论流弊；不论一时而论久远；不论一身而论天下。现行虽善，而其流足以害人，则似善而实非也；现行虽不善，而其流足以济人，则非善而实是也。然此就一节论之耳，他如非义之义，非礼之礼，非信之信，非慈之慈，皆当抉择。

何谓偏正？昔吕文懿公初辞相位，归故里，海内[①]

① 海内：全国。

仰之，如泰山北斗。有一乡人，醉而詈之。吕公不动，谓其仆曰："醉者勿与较也。"闭门谢之。逾年，其人犯死刑入狱。吕公始悔之曰："使当时稍与计较，送公家[①]责治，可以小惩而大戒。吾当时只欲存心于厚，不谓养成其恶，以至于此。"此以善心而行恶事者也。又有以恶心而行善事者。如某家大富，值[②]岁荒，穷民白昼抢粟于市。告之县，县不理，穷民愈肆。遂私执而困辱之。众始定，不然，几乱矣。故善者为正，恶者为偏，人皆知之。其以善心而行恶事者，正中偏也；以恶心而行善事者，偏中正也，不可不知。

① 公家：指代官府。

② 值：正值，恰逢。

何谓半满？《易》曰：“善不积，不足以成名；恶不积，不足以灭身。”《书》曰：“商罪贯盈，如贮物于器。”勤而积之，则满；懈而不积，则不满。此一说也。

昔有某氏女入寺，欲施而无财，止有钱二文，捐而与之，主席者亲为忏悔。及后入宫富贵，携数千金入寺舍之，主僧惟令其徒回向而已。

因问曰：“吾前施钱二文，师亲为忏悔；今施数千金，而师不回向。何也？”曰：“前者物虽薄，而施心甚真，非老僧亲忏，不足报德；今物虽厚，而施心不若前日之切，令人代忏足矣。”此千金为半，而二文为满也。

钟离授丹于吕祖，点铁为金，可以济世。

吕问曰：“终变否？”

曰：“五百年后，当复本质。”

吕曰：“如此则害五百年后人矣，吾不愿为也。”

曰：“修仙要积三千功行。汝此一言，三千功行已满矣。”此又一说也。

又为善而心不着善，则随所成就，皆得圆满。心着于善，虽终身勤励，止于半善而已。譬如以财济人，内不见己，外不见人，中不见所施之物，是谓三轮体空，是谓一心清净，则斗粟可以种无涯之福，一文可以消千劫之罪。倘此心未忘，虽黄金万镒[①]，福不满也。此又一说也。

何谓大小？昔卫仲达为馆职，被摄至冥司，主者命吏呈善恶二录。比至，则恶录盈庭，其善录一轴，仅如箸而已。索秤称之，则盈庭者反轻，而如箸者反重。仲

① 镒：量词，古代的重量单位，合二十两。

达曰："某年未四十，安得过恶如是多乎？"

曰："一念不正即是，不待犯也。"

因问轴中所书何事，曰："朝廷尝兴大工，修三山石桥，君上疏谏之，此疏稿也。"

仲达曰："某虽言，朝廷不从，于事无补，而能有如是之力。"

曰："朝廷虽不从，君之一念，已在万民；向使听从，善力更大矣。"

故志在天下国家，则善虽少而大；苟在一身，虽多亦小。

何谓难易？先儒谓克己须从难克处克将去。夫子论为仁，亦曰先难。必如江西舒翁，舍二年仅得之束脩[①]，代偿官银，而全人夫妇；与邯郸张翁，舍十年所积之钱，代完赎银，而活人妻子。皆所谓难舍处能舍也。如镇江靳翁，虽年老无子，不忍以幼女为妾，而还之邻，此难忍处能忍也。故天降之福亦厚。凡有财有势者，其立德皆易，易而不为，是为自暴。贫贱作福皆难，难而能为，斯可贵耳。

随缘济众，其类至繁。约言其纲，大约有十：第一，与人为善；第二，爱敬存心；第三，成人之美；第四，劝人为善；第五，救人危急；第六，兴建大利；第七，舍财作福；第八，护持正法；第九，敬重尊长；第十，爱惜物命。

---

① 束脩：古代学生初见教师时奉赠的酬金。

何谓与人为善？昔舜在雷泽，见渔[①]者皆取深潭厚泽，而老弱则渔于急流浅滩之中，恻然哀之。往而渔焉，见争者皆匿其过而不谈；见有让者则揄扬而取法之。期年，皆以深潭厚泽相让矣。夫以舜之明哲，岂不能出一言教众人哉？乃不以言教而以身转之，此良工苦心也。

吾辈处末世，勿以己之长而盖人，勿以己之善而形人，勿以己之多能而困人。收敛才智，若无若虚，见人过失且涵容而掩覆之：一则令其可改，一则令其有所顾忌而不敢纵。见人有微长可取、小善可录，翻然舍己而从之，且为艳称而广述之。凡日用间，发一言，行一事，全不

---

① 渔：名词活用作动词，捕鱼。

为自己起念，全是为物立则，此大人天下为公之度也。

何谓爱敬存心？君子与小人，就形迹观，常易相混，惟一点存心处，则善恶悬绝，判然如黑白之相反。故曰：君子所以异于人者，以其存心也。君子所存之心，只是爱人敬人之心。盖人有亲疏贵贱，有智愚贤不肖，万品不齐，皆吾同胞，皆吾一体，孰非当敬爱者？爱敬众人，即是爱敬圣贤；能通众人之志，即是通圣贤之志。何者？圣贤之志，本欲斯世斯人，各得其所。吾合爱合敬而安[①]一世之人，即是为圣贤而安之也。

何谓成人之美？玉之在石，抵掷则瓦砾，追琢则圭

① 安：使……安稳。

璋。故凡见人行一善事，或其人志可取则资可进，皆须诱掖[1]而成就之。或为之奖借，或为之维持，或为白其诬而分其谤，务使之成立而后已。

大抵人各恶其非类，乡人之善者少，不善者多。善人在俗，亦难自立。且豪杰铮铮，不甚修形迹，多易指摘。故善事常易败，而善人常得谤。惟仁人长者，匡直而辅翼之，其功德最宏。

何谓劝人为善？生为人类，孰无良心？世路役役，最易没溺。凡与人相处，当方便提撕[2]，开其迷惑。譬犹长夜大梦，而令之一觉；譬犹久陷烦恼，而拔之清凉：

① 诱掖：引导，支持。

② 提撕：指引，提点。

为惠最溥[1]。韩愈云："一时劝人以口，百世劝人以书。"较之与人为善，虽有形迹，然对证发药，时有奇效，不可废也。失言失人，当反吾智。

何谓救人危急？患难颠沛，人所时有。偶一遇之，当如恫瘝[2]在身，速为解救。或以一言伸其屈抑，或以多方济其颠连。崔子曰："惠不在大，赴人之急可也。"盖仁人之言哉！

何谓兴建大利？小而一乡之内，大而一邑之中，凡有利益，最宜兴建。或开渠导水，或筑堤防患；或修桥梁以便行旅；或施茶饭，以济饥渴。随缘劝导，协力兴

---

① 溥：博大。

② 恫瘝：痛苦，病痛。

修，勿避嫌疑，勿辞劳怨。

何谓舍财作福？释门万行，以布施为先。所谓布施者，只是舍之一字耳。达者内舍六根[①]，外舍六尘[②]，一切所有，无不舍者。苟非能然，先从财上布施。世人以衣食为命，故财为最重。吾从而舍之，内以破吾之悭[③]，外以济人之急。始而勉强，终则泰然，最可以荡涤私情，祛除执吝。

何谓护持正法？法者，万世生灵之眼目也。不有正

① 六根：佛教用语，指眼、耳、鼻、舌、身、意。

② 六尘：佛教用语，指依于六根所接之尘，即色、声、香、味、触、法。

③ 悭：吝啬。

法，何以参赞[1]天地？何以裁成万物？何以脱尘离缚？何以经世出世？故凡见圣贤庙貌，经书典籍，皆当敬重而修饬之。至于举扬正法，上报佛恩，尤当勉励。

何谓敬重尊长？家之父兄，国之君长，与凡年高、德高、位高、识高者，皆当加意奉事。在家而奉侍父母，使深爱婉容，柔声下气，习以成性，便是和气格天之本。出而事君，行一事，毋谓君不知而自恣[2]也；刑一人，毋谓君不知而作威也。事君如天，古人格论，此等处最关阴德。试看忠孝之家，子孙未有不绵远而昌盛者，切须慎之。

---

① 参赞：参与调节。

② 自恣：为所欲为。

何谓爱惜物命？凡人之所以为人者，惟此恻隐之心而已；求仁者求此，积德者积此。《周礼》：“孟春之月，牺牲毋用牝。”孟子谓君子远庖厨，所以全[①]吾恻隐之心也。故前辈有四不食之戒，谓闻杀不食，见杀不食，自养者不食，专为我杀者不食。学者未能断肉，且当从此戒之。

渐渐增进，慈心愈长。不特杀生当戒，蠢动含灵，皆为物命。求丝煮茧，锄地杀虫，念衣食之由来，皆杀彼以自活。故暴殄[②]之孽，当与杀生等。至于手所误伤，足所误践者，不知其几，皆当委曲防之。古诗云：“爱

① 全：名词活用为动词，成全。

② 暴殄：糟践，损毁，浪费。

鼠常留饭，怜蛾不点灯。”何其仁也！

善行无穷，不能殚述。由此十事而推广之，则万德可备矣。

谦德之效

《易》曰："天道亏盈而益谦，地道变盈而流谦，鬼神害盈而福谦，人道恶盈而好谦。"是故谦之一卦，六爻皆吉。《书》曰："满招损，谦受益。"予屡同诸公应试，每见寒士将达，必有一段谦光可掬。

辛未计偕[①]，我嘉善同袍凡十人，惟丁敬宇宾，年最

① 计偕：入京会试。

少，极其谦虚。

予告费锦坡曰:“此兄今年必第。”

费曰:“何以见之？”

予曰:“惟谦受福。兄看十人中，有恂恂款款[①]、不敢先人，如敬宇者乎？有恭敬顺承，小心谦畏，如敬宇者乎？有受侮不答，闻谤不辩，如敬宇者乎？人能如此，即天地鬼神，犹将佑之，岂有不发者？”及开榜，丁果中式。

丁丑在京，与冯开之同处，见其虚己敛容，大变其幼年之习。李霁岩直谅[②]益友，时面[③]攻其非，但见其平怀顺

① 恂恂款款：形容恭敬温顺的样子。

② 直谅：正直诚信。

③ 面：名词活用作动词，当面。

受，未尝有一言相报。予告之曰："福有福始，祸有祸先。此心果谦，天必相之。兄今年决第矣。"已而果然。

赵裕峰光远，山东冠县人，童年举于乡，久不第。其父为嘉善三尹，随之任。慕钱明吾，而执文见之。明吾悉抹其文，赵不惟不怒，且心服而速改焉。明年，遂登第。

壬辰岁，予入觐，晤夏建所，见其人气虚意下，谦光逼人。归而告友人曰："凡天将发斯人也，未发其福，先发其慧。此慧一发，则浮者自实，肆者自敛。建所温良若此，天启之矣。"及开榜，果中式。

江阴张畏岩，积学工文，有声艺林。甲午，南京乡试，寓[①]一寺中。揭晓无名，大骂试官，以为眯目。时

---

① 寓：名词活用作动词，居住。

有一道者，在旁微笑，张遽[①]移怒道者。道者曰：“相公文必不佳。”

张益怒曰：“汝不见我文，乌知不佳？”

道者曰：“闻作文，贵心气和平。今听公骂詈，不平甚矣，文安得工[②]？”

张不觉屈服，因就而请教焉。道者曰：“中全要命。命不该中，文虽工，无益也。须自己做个转变。”张曰：“既是命，如何转变？”

道者曰：“造命者天，立命者我。力行善事，广积阴德，何福不可求哉？”

---

①遽：立刻，马上。

②工：此处指有文采。

张曰：“我贫士，何能为？”

道者曰：“善事阴功，皆由心造。常存此心，功德无量。且如谦虚一节，并不费钱，你如何不自反，而骂试官乎？”张由此折节自持[①]，善日加修，德日加厚。丁酉，梦至一高房，得试录一册，中多缺行。问旁人，曰：“此今科试录。”

问：“何多缺名？”

曰：“科第阴间三年一考较，须积德无咎者，方有名。如前所缺，皆系旧该中式，因新有薄行而去之者也。”后指一行云：“汝三年来，持身颇慎，或当补此，

① 折节自持：改变自己原来的志趣，约束自己的行为。

幸自爱。”是科果中一百五名。

由此观之，举头三尺，决有神明；趋吉避凶，断然由我。须使我存心制行，毫不得罪于天地鬼神，而虚心屈己，使天地鬼神时时怜我，方有受福之基。彼气盈者，必非远器，纵发亦无受用。稍有识见之士，必不忍自狭其量，而自拒其福也。况谦则受教有地，而取善无穷，尤修业者所必不可少者也。

古语云：“有志于功名者，必得功名；有志于富贵者，必得富贵。”人之有志，如树之有根。立定此志，须念念谦虚，尘尘方便，自然感动天地，而造福由我。

今之求登科第者，初未尝有真志，不过一时意兴耳。兴到则求，兴阑则止。

孟子曰：“王之好乐甚，齐其庶几乎？”予于科名亦然。

译文

立命之学

在我幼儿时期，我的父亲就离开了人世。母亲要求我放弃考取功名，改学医术。她告诉我："修习医术不仅能维持生计，还能救济他人。并且父亲一直都有一个心愿，那就是习得一门足以扬名立万的技艺。"

后来，我在慈云寺偶遇了一名老人，那老人丰神俊朗，长须飘飘，犹如谪仙一般。我毕恭毕敬地向他行礼。他问我："你明明是仕途中人，明年就能够参加考试了，为什么不读书了？"闻言，我便把事情的因果如实相告，然后又询问老人的姓氏故乡。他答说："我姓孔，是云南人。曾得宋朝精通皇极之数的邵康节先生的真传，如今命数注定我应该把这套术数传授给你。”我就把那老人带回家中，并将事情一五一十地告知了母亲。母亲让我好生招待先生。

我多次试验他的占卜之术，结果悉数应验，连事情的细枝末节也能一一对应。如此我就又起了读书的念头，还特地与表兄沈称商议了一番。表兄说：“郁海谷先生恰巧在沈友夫家中开馆教书，我把你送他那去寄读也算方便。”就这样，我拜了郁先生为师。

孔老为我占卜显示：我将在县考童生时排名第十四；府考时得获第七十一名；在提学主持的考试中能考第九名。到了次年，我在这三次考试中的名次果然皆被孔老先生言中了。

孔老又为我占卜一生吉凶祸福：某年会考第几名，

某年当升为廪生，某年当成为贡生，某年当被选为四川的大官，在任三年半后告老还乡。五十三岁那年的八月十四日丑时，寿终正寝，可惜无子。我把这些都记录下来并牢牢记住。

从那以后，每每考校，孔老都能早早卜算出我的名次。唯独在占卜领廪米这条上出了差池。他断定我需领足九十一石五斗廪米后方能出贡，但当我领到七十一石的时候，屠宗师就批准我可以出贡了，我暗自对占卜之术产生了怀疑。

后来此事果然被一位代理提学的杨公驳回，直到丁卯年，我留在考场中的备用考卷被殷迈宗师看到，他感叹说：“这样的五篇策论足以媲美五封奏折，如此知识渊博的读书人岂能被埋没！”于是依从此前的申文，批准我出贡，连带先前所领取的米数，我恰好领了九十一石五斗。我因此更加相信人生起伏冥冥之中自有定数，或迟或早罢了。这样的我也越发淡泊，无欲无求了。

成了贡生后，按规定我需要前往京都。留在京都的那一年里，我每天只静静坐着，也不看书。己巳年，我回到了南京，在进国子监之前，还特地去了栖霞山拜访云谷禅师，我们俩就在一间禅房之中安静对坐，三日三夜都未曾闭眼。

云谷禅师问我："凡夫俗子之所以无法成为圣人，是因为被痴心妄念纠缠。你能够静坐三天，没有一丝妄念，这是为什么呢？"

我答道："我的命数早就被孔先生算定了，所谓荣华或耻辱，生或死，都有定数，即使我有妄念，也没有什么可以妄想的了。"

云谷禅师闻言笑着说："我还以为你是豪杰之才，

原来也只是一介凡夫俗子。”我不解地问他因由。他说：“人不能做到没有痴心妄想，一定会被阴阳术数所扰，怎么可能没有命数呢？但定数也只存在于普通人身上，那些极善良的人不会被定数所困，那些极恶的人也不会被定数拘束。你这二十年来都被孔先生的数理算定了，从未有过突破，难道还不算一介凡夫吗？”

我追问：“难道既定的命数也可以逃脱吗？”云谷禅师答：“命运由自己掌控，福气也是自己求来的。诗书里所说的，确实是明明白白的训导。佛教经典中说：一个人求富贵就能得到富贵，求姻缘儿女就能得姻缘儿女，求长寿就能得到长寿。佛家最忌讳说谎，各位神明菩萨又怎么可能信口胡说呢？”

于是我又追问：“孟子曾经说过：求而能得。这是因为求的东西在自身。仁义道德还能尽力要求自己得到，荣华富贵、功名利禄这些外物又应该怎么求得呢？”云谷禅师解释道：“孟子说的没错，只是你自己理解错了。你不知道六祖慧能大师曾说过：一切福祉都离不开内心，从心出发去找寻，就没有不能通达的。从自己的内心出发去寻求，不单单能够得到仁义道德，还能得到功名利禄；内和外都能得到，所以求是有益于得到的。如果不能做到自省反思，而只是单纯地向外谋求，那么即使用尽手段去谋求，也只能任由命运决定得失，内外都失去了，这种求是无益的。”

云谷禅师接着问我：“孔先生给你算的一生是怎样的？”我一一相告。云谷禅师说：“那你认为自己是否应该科举及第？是否应该繁衍后代？”

我思考了好一会儿，答：“不应该，那些登科的人，大抵都是福泽深厚的人。我福薄，也没有积德行善为自己打下深厚的福祉基础；再加上对那些烦琐小事颇不耐烦，不能包容别人；有时候还因才智过人，心直口快，说话轻狂。这些都是福薄的表现，怎么适合登科及第。大地污秽处能孕育万物，水过于清澈便不会有鱼；我爱干净，这是我不适合有孩子的第一个原因；再者，和气能够孕育万物，可是我暴躁易怒，这是我不适合有孩子的第二个原因；爱是孕育生命的根本，残忍是不能化育的根源，我爱惜名节，做不出舍己救人的事，这是第三个原因；说话过多会消耗精气，这是第四个原因；我好饮酒，导致精神萎靡，这是第五个原因；我喜欢彻夜长坐，不懂得保养精气元神，这是第六个原因。其他不足之处还有太多，难以一一言说。”

云谷禅师说道：“这道理又岂止适用于登科及第呢？世间但凡享有千金家产的人，势必是值得千金家产；享有百金家产的人，势必是注定拥有百金；那些饿死的人，大抵是饿死的命数。上天不过是根据每人不同的福报去定义他的命数，何曾增减过什么。就如孕育生命，那些拥有百世功德的人一定能够拥有百世子孙；拥有十世功德的人势必能有十世子孙；拥有二三世功德就能有二三世子孙；至于那些没有后代的人，必然是功德极其浅薄的。如今你既然知道了自己的过错，就该尽力改变致使自己科举不中、无子无女的行为表现；一定要积德行善，包容和气，也一定要爱惜自己的精气神。从前的一切就如昨日一般远去，今后的一切将似今日一般重生，这是以仁义道德重塑的生命。凡人的血肉之躯尚且有命数，以仁义道德重塑的生命又何尝不能感通上天。《太甲》中载：'上天犯下的孽，还能逃脱；自己造的孽，就逃不了了。'《诗经》有言：'常常反思自己的行径是否顺应天命，为自身多多积累福祉。’孔先生算定你科考不过，又不育儿女，这是上天降下的孽，还有违逆的机会；如今你扩充德行，多做好事，多积阴德，这是你自己创下的福祉，如何不能安心享受它带来的好处呢？《易经》是为君子筹谋，趋吉避害的；如果说天命是固定不变的，那么又谈什么趋吉避害呢？《易经》开篇第一章便直言：‘积善的家庭必然会有许多福报。’你信吗？”我相信云谷禅师所说，并拜谢了他的指教。

于是我将自己往日的罪过在佛前尽数倾诉，还将它们书写成文，先向上天祈求功名；并发愿做满三千件善事，以此报答天地祖宗的恩德。

云谷禅师将功过格交给了我，让我记录自己每日所做的事；做了善事则增加数字，做了坏事则减去，同时他又教我念准提咒，希望我的祈求能如愿。云谷禅师还告诉我："道家有言：'不会画符的人遭鬼神耻笑。'画符也有它的秘诀，那就是不动其他念头。提笔画符的时候，先要放下万千思绪，做到心中平静，不起一丝涟漪。在没有杂念的那一刻下第一笔，就是混沌开基。而后一笔挥就，不带任何思虑，如此一来这张符咒就能灵验。

"但凡向上天祈祷立愿，都要摒除杂念，由此感通上天。孟子在提到立命之学的时候说：'长寿短寿并无差别。'实际上长寿短寿有着天渊之别。但当人的心中没有杂念时，何来长寿和短寿之分？仔细分析的话，丰收和歉收也无分别，于是可以左右贫穷富贵；穷苦和通达也无差别，于是可以左右命运的贵贱；长寿和短寿无差别，于是可以左右生死。人生在世，最要紧的莫过于生死，说长寿和短寿，就把一切祸福顺逆都包含在内了。

"至于孟子说的'修身以俟之'，是积德祈天的事情。‘修’是指若有过错，都应当改正并去除；‘俟’是指即使有一丝一毫的觊觎和迎合之意，都要摒除。到了这个地步，就算是进入先天的境界了，这才是真正的学问。你若做不到心无杂念，但能够做到不计数、无间断地念《准提咒》，念到滚瓜烂熟，以致念的时候恍若未念，没念的时候又似乎时时在念。等到心无杂念了，自然能灵验。”

我起初号“学海”，当日便改成“了凡”；这是因为我参悟了立命的道理，不愿意再落入凡夫俗子的窠臼。从那时起，我每日小心谨慎，就觉得自己跟从前大有不同了。从前我每天过得浑浑噩噩，只顾放任自己，如今我变得谦虚谨慎，严于律己，即使身处没有人的地方，也生怕自己得罪了天地鬼神；有时候遭遇被人厌恶诋毁，也能以宽容的心态看待。

第二年，礼部举行科举考试，孔先生算定我能考第三名，我却考了第一名，他的推算已经不能应验了，到了秋闱时，我又考中了举人。不过我的内心修行还不纯粹，自省时总能发现许多错误：例如虽然能够行好事却不够勇敢，救人的时候经常自我怀疑；或者是虽能身体力行做好事，却时常口出狂言；又或者清醒时能够保持谨慎克制，一旦醉酒就行为放纵。过错抵消功德，光阴便这样虚度了。我在己巳年许愿，直到己卯年，历时十几年，才做完三千件善事。

那时候，我跟随李渐庵进入关内，没能来得及回向。庚辰年回到南边，才邀请性空、慧空等得道高僧到东塔禅堂内回向。于是我又祈祷希望得到子嗣，同样许下做三千件好事的誓言。辛巳年时，我的儿子天启降生了。我每做一件好事就用笔墨记录下来；你的母亲不识字，便用鹅毛管在日历上印一红圈。有时是施舍吃食给贫穷人家，有时是放生动物，一天下来最多能印十几个圈。到癸未年八月，三千件好事做满。我再次请性空等高僧来我家中回向。

九月十三日，我祈愿中进士，并起誓做一万件善事。丙戌年，我如愿登第，并被任命为宝坻知县。我准备了一本带空格的小册，取名为《治心篇》。每天早起处理公务时，我的家人便将小册子交予衙役，放在桌子上，把做的好事坏事，事无巨细地统统记录下来。入夜后就在庭院内摆上桌案，效仿赵阅道焚香向天帝禀告。

你的母亲见我所做的善事不多，便总是皱眉说："我从前在家里时，可以帮着你做善事，因而三千件善事能够完成；如今你许下做一万件善事的誓言，可衙内却并无善事可做，要到何时才能圆满？"夜里，我竟意外梦见一位神仙，便将难以完成一万件善事的因由和盘托出。神仙却告诉我说："单单为百姓减少粮赋一事，便可抵过一万件善事了。"

原来宝坻县的田地，每亩应收二分三厘七毫。我则为他们进行了统一安排，将赋税减少至每亩一分四厘六毫。此事是切实发生过的，为此，我心里又惊又疑。恰逢幻余禅师从五台山前来，我就将这梦如实告知了他，并问他是否可信。幻余禅师说："只要善心真切，那么做一件善事就可以抵过做一万件善事，何况减少全县粮赋，确实能使得万民获益！"我马上将自己的饷银捐出，请禅师在五台山为一百名僧人设下斋食作为回向。

孔先生算定我在五十三岁那年会遇灾祸，我未曾祈求过长寿，可那年并无任何灾祸降临，如今我已六十九岁了。《书经》中载："天道不可信，命运是无常的。"

还说："唯独命运无法用常理推断。"这些都不是妄言。我由此知道了，那些说祸福都是自己求来的言论是圣贤的言论；而那些说祸福都是命中注定的，是世俗的见解。你的命运不知如何？即使命数显示有享荣华富贵，也要常常做落魄的准备；即使身处顺境，也要多多为逆境考虑；即使眼前丰衣足食，也要时常想着穷困潦倒了该怎么办；即使受人爱戴尊敬，也要时时怀有畏惧之心；即使家世显赫，也要保持谦卑；即使学富五车，也要时刻保持警醒，意识到自己见识的浅薄。

往远了说，要考虑弘扬祖宗的德行；往近了说，要掩盖父母的过失不足。向上要报答国家的恩泽，向下要考虑造福家庭。对外要想着救济别人的危急，对内要控制自己的邪念。务必要日日反思自己的过错，日日改进自己的缺点。一日不反思，就有一日陷于自以为是的牢笼；一日没有改进自己的过错，就一日没有进步。天底下的聪明人有许多，之所以德行未修，事业未拓展，只因把自己困在“顺应”这二字里，白白耽搁了一世。云谷禅师传授的立命的道理，是最精华、最深邃、最真实、最正确的道理，希望你能够烂熟于心，勤敏地践行，不要放纵自己。

改过之法

春秋时的士大夫能通过他人的言行举止推断其祸福，没有不应验的，《左传》《国语》里有相关记录。大体而言，吉凶的预兆都从内心萌发而后体现在行止，那些宽厚的人常常能收获福祉，那些刻薄的人则时常遭遇灾祸，凡夫俗子的眼睛大多难以看清，才说祸福不可预测没有定数。当一个人足够赤诚，合乎天道，那么福祉将要降临时，观察他的善言善行就能提前预知；将要遭遇灾难时，观察他的恶言恶行就能提前预知。如今如果想要收获福祉，规避灾祸，暂且不说做善事，首先必须改正过错。

想要改正过错，第一，要有羞耻之心。追忆古时的圣贤之人，与我一样都是男子汉大丈夫，为何他们能够流芳百世？而我又为何庸庸碌碌？还不是因为沾染了世间的情，私下举止有违道义，自认为无人知晓，便毫无愧意，以至于渐渐沦为禽兽而不自知。世间最让人羞耻的事，没有比这更甚的了。孟子说："羞耻之心对人而言十分重要。"有羞耻心的人能成为圣贤，失去羞耻心的人则会沦为禽兽。这是改正过错的关键。

第二，要有敬畏之心。我们头顶青天，脚踏大地，言行举止难以欺骗鬼神，所犯过错虽然隐蔽微小，但天地鬼神却都能够明察鉴别，严重时会让我们遭遇百世劫难，稍轻也会折损现世的福祉，我们怎能不感到畏惧呢？

不仅如此，即使是在没有人的住所，鬼神也能一一看清；即使掩饰得再周密巧妙，心思也早早暴露了，终于难以骗过自己。一旦被人看破，便更加不值一文了，怎能不恐慌呢？

此外，只要还有一口气在，即使犯下了滔天罪行，仍能悔改。古时有人一生都在作恶，临死前醒悟，产生了善念，于是得以善终。这就是人们所说的，一个猛烈的善念，足够洗涤百年罪恶。就如同上千年无光的幽深峡谷，得到一盏明灯的照耀，千年的黑暗也能全被驱散，所以不管所犯的过错是近是远，改过才是最可贵的。然而世事不定，人的肉体容易损毁，一旦失去了气息，即使愿意改过也没有机会了。在阳间则要承受千百年的骂名，即使子孙后代孝顺贤德，也无法洗脱污名；在阴间则要落入无边地狱，连圣贤、佛祖、菩萨也不能救赎，怎能不畏惧？

第三，要有勇敢之心。人不肯改正过错，大多因为犹豫退缩，我辈必须鼓起勇气，不再犹豫，不再等待。小错如插在肉内的尖刺，应坚决且快速地剔除；大错如被毒蛇咬了手指，要快速斩断，不应该有任何迟疑和懈怠。这也是为什么风雷卦又被称为益卦的缘故。

但凡具备了上述的三种心，那么改正过错就如同春日冰雪遇到暖阳，何必担心冰雪不消融？不过人的过错，有的人从事情上修正，有的人从道理上改过，也有的人从心出发；所下功夫不同，效果也就大有不同。譬如从前杀生的人，如今受戒不杀了；从前发怒的人，如今不再动怒了，这些便属于就事论事地改过。从外部制止，难上加难，而且归根究底，本质未变，即使不再犯这个错误，也会犯其他错误，终究不是根除过错的方法。

善于改过的人，并非先从事情上改过，而是先了解其中的道理。比如面对杀生这项过错，他们便会思考：上天有好生之德，万事万物都爱惜自己的生命，杀了它们满足自己，怎么能心安理得？况且生灵在被屠杀的过程中，先要被割肉，而后又要被丢入钟鼎之中烹煮，所受的痛苦无不深入骨髓；人类滋养自身，即使是珍馐美味，吃过也就没了，而果实蔬菜也能充饥，又何必杀害生灵，以致自己福泽亏损呢？还会想到万物皆有灵性，既然如此，那么动物与人类就是一样的，即使不能做到德行崇高，获得它们的尊重爱戴，又怎能伤害它们的生命，让它们永远仇视我们呢？一想到这个，再面对这些食物，自然会感到难过，难以下咽了。

又譬如从前易怒，必会想到：人皆有不足的地方，理应同情；违背情理发怒，于自身有何好处？本来就没有值得生气的地方。再就是想到天下没有自以为是的英雄，也没有埋怨他人的学问；行事没能得到满意的结果，都是因为自己的德行不够，无法感动他人。能做到自我反省，那么即使遭遇诽谤，也会将它视为磨炼的机会，这样想来，我们应当欢喜地接受，又怎么会生气呢？

再者，听到诽谤却不动怒，即使谗言如烈焰熏天，也不过如高举大火焚烧天空一般，最终必然平息；因为诽谤而动怒，即使据理力争，也会像春蚕作茧自缚，自寻烦恼。发怒不仅没有好处，还会带来祸患。其他种种过错，都应思考其道理。理清了其中道理，过错也就自然改正了。

什么是从内心出发改过呢？过错有千万种，但它们都源于内心，心中不起恶念，又何来过错？修习改过的人在面对好色、追名、逐利、易怒等种种过错时，不需要逐一寻求改过的方式，只需要一心向善，端正思想，那么自然就不会被邪念沾染了。就如同烈日高悬，妖魔鬼怪自然退散，这是改正过错的良药。过错由心而生，那么就要从心去改，就像砍掉毒树，只需直接斩断它的根部，何必逐一砍伐它的枝蔓，摘除它的叶片呢？

大体说来，最聪明的做法是从心改过，如此立刻就能得到清净；才起了恶念便立即察觉，察觉后就能摧毁恶念；如果无法做到，那便应该从道理上明辨是非，进而改过；如果还无法做到，那么就要从具体的事情上杜绝。使用最上等的方式，又兼顾稍逊的方法，不算失策；如若只顾着以末等方式约束自己，对上等方式视若无睹，那么就是愚昧。

立誓改正过错，明处应有良朋益友多加提醒，暗处应有鬼神监督。不论白天黑夜，永不懈怠，一心悔过，经过一周、两周，乃至一月、两月、三月，势必能应验。或会觉得神清气爽；或会觉得茅塞顿开；或会觉得被琐事羁绊也能触类旁通；或会遇到仇家却能转怒为喜；或会梦见口吐污秽的东西；或会梦到被圣贤之人提携指引；或会梦见遨游太空；或会梦见幢幡与宝盖。上述种种现象都是罪孽消除的迹象。不过不能因此扬扬自得，画地为牢，不再思索进取。

从前，蘧伯玉二十岁时，自认为自己的过错已经全部改正，等到二十一岁时，又发现过错并未全部改尽。到了他二十二岁时回顾二十一岁，觉得自己像在梦中。年复一年，不断改过。到五十岁时，还能察觉前四十九年的过失。这就是古人改过的学问。

我们都是凡夫俗子，所犯的过失就如刺猬身上的刺一般密集，但追忆往事却不能察觉自己的过错，这是因为心粗眼盲啊。不过罪孽深重的人也会有相应的表现：或者心神不宁，浑浑噩噩，记性不佳；或者即使没有什么事，也常感到烦恼；或者见到君子时常会因羞愧而去诽谤别人；或者在听到正义之词时会闷闷不乐；或者施惠于他人反而招来怨恨；或者常常被噩梦萦绕，严重时还可能胡言乱语，失去神志。这都是造了孽的表现。如果有类似的表现，必须发奋努力，舍弃从前的种种，力争改变，千万不要自误前程。

积善之方

《易经》说：“积德行善的家庭一定会有很多吉庆事。”从前，颜氏将女儿嫁给孔子的父亲叔梁纥时，一一细数了叔梁纥祖上积下的丰厚善行，断言他的后代中必有能使家族兴旺发达的人。

孔子认为舜的举止称得上大孝，还说：“舜不仅能够享受宗庙朝拜祭祀，子孙后代也能保住他的美德。”这些话都是真理。我将试着以历史事实加以印证。

少师杨荣，福建建宁人，世代都以摆渡维持生计。有次因为大雨连绵多日，溪水猛涨，冲毁了不少房屋，溺死的人随着水流向下游漂去，其他船夫都趁机捞取物品，唯独杨荣的曾祖和祖父只顾着救人，未拿任何物品，乡里人都嘲笑他们愚蠢。到了杨荣父亲出世的时候，家境日渐富裕起来。有神仙化身为道士告诉他的父亲说：“你的祖父和父亲积有阴德，他们的子孙自然会享富贵，你可以将他们葬在某个地方。”杨荣的父亲听从了道士的建议，将祖父及父亲安葬在道士指定的位置，也就是现今的白兔坟。后来杨荣出世，二十岁就登科及第，官至三公，他的曾祖、祖父、父亲也都被授以官位。他的子孙后代也很昌盛，至今仍有很多贤能的人。

鄞人杨自惩起初是县衙的小吏，他宅心仁厚，遵纪守法，待人公正。那时的县宰为人严肃，有次拷打犯人，打得那人血流不止，仍怒气腾腾。杨自惩见此情景便跪地为犯人求情。县宰说：“实在是这人违背法律，不讲道理，让人不得不生气。”杨自惩叩头答：“如今的圣上昏庸无道，民心早就涣散了。如果查清了案件的内情，就会心生同情，难有喜悦之情。连喜悦之情都没有，又何来生气的感觉呢？”县宰听了，脸色渐渐缓和。杨自惩家境贫寒，但从来不收受他人馈赠。有时候遇到囚犯缺少粮食，他总会想方设法地接济对方。有一天，几名新来的犯人没有粮食吃，可杨自惩家也缺米。如果给了囚犯，那么家里人就没有米吃，若只顾着自己，又觉得囚犯们十分可怜。他与夫人商议，夫人问他：“囚犯从哪里来？”他答：“他们从杭州来。沿路忍饥挨饿，如今面如菜色，十分可怜。”于是妻子把自家的米煮成了粥分发给了囚犯吃。后来杨自惩有了两个孩子，长子名叫守陈，次子名叫守址，分任南北吏部侍郎。他的长孙后来官拜刑部侍郎，次孙为四川廉宪，都是有名的大臣。

如今的杨德政（号楚亭）也是杨自惩的后代。

正统年间，邓茂七于福建造反，追随邓茂七的士人、民众甚多。朝廷任命鄞县的都宪张楷南征讨伐反贼。后来又任命布政司谢都事搜查、斩杀东路的逆贼。谢都事找到了追随逆贼的人的名单，然后秘密给那些未依附反贼的人分发白布小旗，约定在大军抵达的时候把白旗插在门前，还告诫士兵不得滥杀无辜，如此一来救下了大概上万人。后来，谢都事的儿子谢迁高中状元，当了宰相。谢都事的孙子谢丕也考中了探花。

莆田的林家，祖上有位乐善好施的老妇人，经常做些粉团送给他人，但凡有人向她索要必会给予，没有一丝厌倦的神情。后来有位神仙化身为道人，每天都向这位夫人索要六七个粉团。老妇人每日都给他，三年如一日，仙人于是知道了老妇人的诚意。神仙便对她说：“我吃了你三年粉团，应该如何报答你呢？你们家后面有块地，把祖先葬在那里，可以保证你的子孙后代中会出许多大官。”她的儿子便依照神仙的指点好生埋葬了祖先，结果第一代中就有九人登科，此后每代都出了许多达官显贵，以致福建一带流传着“无林不开榜”的美谈。

太史冯琢庵的父亲曾是秀才。某年寒冬，他的父亲赶早去上学，结果在路上看到一个倒在雪中的人，他用手一摸，发现那人已经冻僵了，于是他就解开自己的裘衣为那人披上，还把那人扶回家里救醒。后来他梦到一位神仙告诉他说：“你救了一个人的性命，且发心真诚，我将派韩琦来当你的儿子！”后来冯琢庵出世，冯老先生便为他起名为冯琦。

台州的应尚书在壮年时期曾到山中学习。每到夜晚，山里的鬼怪总会聚在一起，发出嘶吼的声音，实在让人害怕。应尚书却并不害怕。一天，他听到某鬼说：“有位女子的丈夫游历在外，长期未归，她的公婆要逼着她改嫁。明天晚上，这个女人打算在这里上吊自杀，终于有人可以替代我了。”应尚书听后，偷偷卖了田地，换了四两银子，又假借那女子丈夫的名义写了家书，将银两寄到那家人手中。公婆因笔迹并不相似起了疑心，但很快又认为：“书信可以是假的，但银子不能，想来我们的儿子并没有出事。”于是那女子便不必改嫁了。后来女子的丈夫回来了，夫妻二人如从前一般恩爱相处。应尚书又听到先前的鬼怪说：“我本来可以被替代了，不想这个秀才坏了我的好事。”旁边另一个鬼为他出主意：“你为何不害了他呢？”那鬼答：“天帝认为此人心地善良，任命他为尚书，我怎能害他呢？”应尚书听了这番对话更加努力自勉，每日行善，德行日渐深厚。遇到饥荒的年份，他就把自己的食物捐献出来，设帐派发；遇到亲戚有急事，他就会从中调和帮忙；遇到蛮横的人，他就会自我反省，平和地包容对方。如今他的子孙后代中有不少登科及第的。

常熟的徐凤竹先生，其父向来很富裕。某年碰巧遇上荒年，徐老先生率先捐出田租，为同乡人做榜样，后来又分发谷物救济穷苦的灾民。夜里有鬼怪在他家门前唱道："千不骗，万不骗，徐家的秀才将来能中举人。"鬼怪的叫声连着几夜不曾间断。那一年，徐凤竹果然在乡试中考中了举人。他的父亲因此更加努力地积德行善，孜孜不倦，毫不懈怠。造桥修路，为僧人提供斋食，救济贫苦，但凡对他人好的，徐先生都尽心尽力。后来又听到鬼怪在他家门前唱道："千不骗，万不骗，徐家的举人能做到都堂。"徐凤竹后来果然官拜两浙巡抚。

嘉兴的屠康僖最初任刑部主事，夜晚就住在监狱内。他仔细询问各囚犯的情况，发现其中有不少无辜的人。屠康僖并不揽功，而是秘密修书告知堂官。后来朝审时，堂官用他在修书中的话，对各囚犯进行审讯，没有人心存不服，大约十几位受冤的人得以释放。一时间，京城上下无不歌颂尚书大人明察秋毫。

屠康僖又向尚书大人禀告说：“天子脚下，尚且有如此多受冤的人；普天之下，民众甚多，怎么可能没有受冤的人？应该每五年派遣一批减刑官员为这些案件进行审理，为受冤之人平反。”尚书将此事向皇帝禀明，皇帝同意了这一提议，屠康僖也是当时减刑官中的一员。某夜，屠康僖梦见一位神仙对他说：“你命中本无子嗣，但是你如今提出的减刑的提议十分符合天帝的心意，天帝决定赐你三个儿子，并且都能成为紫衣加身、配金腰带的大官。”当晚屠夫人便有了身孕，后来生下应埙、应坤、应埈三个孩子。这三人之后果然都成为达官显贵。

嘉兴的包凭，字信之，他的父亲是池阳的太守，生有七个儿子，包凭是最小的，后来成了平湖袁家的赘婿，与我的父亲来往密切。包凭是个博学多才的人，可惜却常年科举不中，后来便醉心于佛、道两家的学问。一日，他到东边的泖湖游玩，偶然来到一处寺庙，看到观音像暴露在外，受风吹雨淋，便从囊中取出十两银子交给寺庙的主持，让他修建庙宇。主持告诉他，修建庙宇工程浩大，银钱太少，难以完工。包凭就又取了四匹松布，连同竹箱内的七件衣服一并交给了主持，其中一件纻褶还是新买的。他的侍从拦着请他不要再送了，包凭却说：“如果能够保护圣像安好，即使我赤身裸体又有什么干系呢？”主持听了不禁落泪：“捐献银两、布衣尚且不算难事，最难能可贵的是这份诚心。”寺庙修缮完工后，包凭拉着我的父亲前去游玩，晚上就住在了寺庙里。当晚，包凭就梦见迦蓝前来向他道谢：“你的儿子理应享受世代俸禄。”后来，他的儿子包汴、孙子包柽芳都考中科举，当上了大官。

嘉善人支立的父亲曾是刑房小吏。当时有名囚犯无辜入狱，被判重刑，支立的父亲十分同情他，想要为他谋求一条生路。囚犯对他的妻子说：“支先生的好意我无以为报，深感惭愧。明日你就在乡下宴请他，然后侍奉他。如此一来他或许能够更加用心，我也就有活路了。”囚犯的妻子哭着答应了囚犯的要求。支立的父亲来后，囚犯的妻子亲自劝酒，并把丈夫的意思如实告知，支先生却拒绝了他们的提议，依旧尽心尽力地为那囚犯平反。

后来囚犯平安出狱，夫妻二人上门拜访答谢：“支先生德行深厚，在如今的世道实在罕见。您没有儿子，我愿将小女送你为妾，这在情理上是说得通的。”于是支先生备下彩礼娶了囚犯的女儿，后来支立出生，二十岁就高中举人，官拜翰林孔目。支立生支高，支高生支禄，都出了贡，成了学博。支禄的儿子大纶也登科及第。

上述十个故事，虽然所做的事各有不同，但都可归为善行。如若要更深入地讨论，那么善事又有真和假、直和曲、阴和阳、是和非、偏门和正道、一半和圆满、大和小、难和易，这些都应该仔细分辨。行善事，却不深入挖掘其中的道理，自认为行了好事，却不知实际上是造了孽，白费了苦心，毫无益处。

什么是真假？从前有几个书生前去拜见中峰和尚，他们问：“佛家常说，善恶都会有报应，就如同影子追随身体。如今某人行了善事，他的子孙却并不兴旺；某人做了恶事，家门依旧昌盛。佛家所说都是无稽之谈！”

中峰和尚答：“凡人的私情未得到洗涤，能认清事情本质的慧眼未开，以至于常常把善事当作恶事，把恶事当作善事。你们不为自己颠倒是非而遗憾，却反过来抱怨上天的报应出了差错？”众人便问：“为何会出现善恶相反的情况？”中峰和尚让他们尝试阐述善恶的标准。有人说：“打骂他人便是恶，礼敬他人便是善。”中峰和尚却说：“未必如此。”又有人说：“贪恋财物并且乱取是恶，廉洁且有原则是善。”中峰和尚依旧说：“未必如此。”

众人各抒己见，中峰和尚都说未必。他们只好反问中峰和尚。中峰和尚告诉他们：“有益于别人的是善，有益于自己的是恶。如果对他人有益，那么打骂也是善举；如果只是对自己有益，那么礼敬他人也是恶行。所以人行善事，有利于他人是为公，为公就是真的善；有益于自己是为私，为私的就是假的善。从心出发做善事是真的善，依样画瓢是假的善。没有目的地做好事是真的善，有目的地做好事是假的善。这些都是应该自行考量的。”

什么是曲直？如今的人看见诚实谨慎的人，大多会认为他们是好人，并且与他们交好；圣人们则宁可选择那些豪放、不遵礼法的人。至于那些诚实谨慎的人，虽然被乡里人推崇，却被圣人认为是品德败坏的恶人。因此世人眼中的善恶，分明与圣人眼中的好坏相背。从这点来看，世间的各种评判取舍，无一不是错的。天地鬼神对善人降下福报、对坏人降下灾祸，与圣人的是非观相同，而与世俗认定的好坏不同。但凡想要积德行善，绝不能只限于让人看到、听到，而要从心底最隐蔽的角落开始默默洗涤。纯粹救济天下的心意是直，有一丝讨好的念头就是曲；纯粹的爱护他人是直，有一点愤世嫉俗就是曲；纯粹的尊敬他人是直，有一丝玩世不恭的想法就是曲。这些都应该仔细分辨。

什么是阴阳？为人所知晓的善行，是阳善；不被人知的善行是阴德。阴德将得到上天的回馈，阳善则能赢得美名，美名也是一种福气。但美名是造物者所忌讳的，世间那些享有盛名，却不能名副其实的人大多会遭遇祸患；如若某人没有过错却无端招来恶名，那么他的子孙往往会突然发达。阴和阳的差别常常在细微之处。

什么叫是非？鲁国曾有法度称，鲁国人如若从别的诸侯处把鲁国的奴隶赎回，就能到官府领取赏金。子贡把人赎回后却不肯领取赏金。孔子得知后十分厌恶，他说:“子贡的行为着实不对。圣人做事能够改变一处的风俗习惯，进而将道理传授给百姓，并非仅仅为了让自己感到舒坦。如今鲁国富人少，穷苦人多，子贡这样的行为就如同宣告接受了赏金就是贪财，这让别人以后还怎么去赎人?只怕从此再也没有人愿意从别的诸侯处赎人了。”有一次，子路救了一名溺水的人，那人送给子路一头牛作为谢礼。子路接受了。孔子对此很是赞赏:“以后鲁国会有越来越多的人愿意出手救助溺水的人了。”

从世俗的角度来看，子贡不接受赏金的行为是好的，子路接受牛的行为是不好的，孔子却反过来夸奖子路，批评子贡。可见人做善事，不应只着眼于眼前的举动;探讨利弊不应只顾一时好坏，要立足长远;不只关注自身，而要放眼天下。如若眼前的行为单看是好的，但一旦流行却会变成祸患，那么这种善行只是表面上的善，而不是真的善；如若当前的行为是不好的，但延续下去能够救济他人，那么这种善就是实实在在的善。不过这只是其中的部分内容，其他的如看似不义的义，看似无礼的礼，看似失信的诚信，看似凶残的仁慈，都应当有所判断和抉择。

什么是偏正？从前，吕文懿刚刚告老还乡的时候，举国上下都将他奉为泰山和北斗一般的人物。有一次，一名醉酒的乡人辱骂诋毁吕公。吕公却毫无反应，还告诫自己的仆人：“不要跟醉酒的人计较。”说完就关上门，不再搭理他了。次年，这个人犯了死罪，进了监狱。吕公开始感到后悔：“如果我当时稍微与他计较，把他送到官府以示惩戒，或许他会因为受了小惩罚而得到教训，有所戒惧。我那时只顾着做个宅心仁厚的人，不想反而助长了他的恶性。最终导致了这样的结果。”这就是所谓的好心却办了错事。当然，也有出于坏心却歪打正着成就了好事的情况。例如有一家很富，饥荒年间，竟在白天闹市中遭遇贫民抢粮。他向县令举报，县令却不予理睬，那些贫民便越发肆无忌惮了。于是那富豪便在私下里将那些抢粮的人抓住，关起来以示惩罚，众人才因此安定下来，否则便乱套了。所以行善是正，作恶是偏，这是人人都知道的。但不可不知的是，那些好心办了坏事的，可视为正中的偏；那些不怀好意却歪打正着成就好事的，可认为偏里有正。

什么是半满？《易经》里说："不积攒善行就不足以成就美名；同样的，不积累恶行也不至于身败名裂。"《尚书》中也提到："商纣王罪孽深重，就如同钱穿满了一贯，器皿里装满了东西。"勤勉地累积就是满；懈怠而不去积累，就是不满。这是半满的一种说法。

从前有位女子到了寺庙，想施舍却发现自己没有多少钱，只有区区二文，就都捐了出去。主持因此亲自为她祷告忏悔。后来女子入了宫，得了富贵，带着几千两银子来到寺庙施舍，主持只让自己的徒弟为那女子回向。女子便问：“我从前只施舍二文，却得到大师亲自为我忏悔；如今我施舍了几千两银子，大师却不肯为我回向。这是为什么呢？”主持回答：“施主从前施舍的财物虽然少，但施舍的心十分真诚，我若不亲自忏悔不足以报答你的恩德；如今你施舍的财物虽然丰厚，但施舍的心意不如从前恳切，让人代为忏悔就足够了。”这就是说，千金是半，二文却是满。

钟离要传授吕洞宾炼丹的方法，可以点铁成金，救济世人。吕洞宾问：“变成金子的铁会变回去吗？”钟离回答：“五百年后会恢复它的本来面目。”吕洞宾说：

“这样一来就是害了五百年后的人了，我不愿意做这样的事。”钟离听完说道：“要得道成仙需要积攒三千件功德。如今你这一句话，就已经能够抵过三千件功德了。”

还有，做好事时心中不执着于行善，那么随便做什么事情，功德也能得到圆满。如果心里一直记挂着自己做了什么好事，那么即使一生勤奋努力，也只能算是半善。例如施舍财物救济他人，对内不心心念念自己的行为，对外不执着于让人知道，中间也不在意施舍的是什么，这就叫作“三轮体空”“一心清净”。那么即使只是一斗粟也能带来无边的福泽，即使只是一文钱也能够抵消一千年的罪过。如若心里没能放下施舍这件事，那么即使施舍万镒黄金，也无法得到圆满。这又是半满的另一种说法了。

什么是大小？从前卫仲达任官职，有次被勾了魂来到阴间，判官让鬼差把关于他的善、恶记录呈上来。记录本拿上来时，记录恶的本子竟然多得堆满庭院，而记录善的本子只有如筷子大小的一卷。判官拿来秤称了称，发现堆满庭院的恶本反倒轻，筷子大小的善卷反而重。卫仲达说："我如今还没到四十岁，怎么积攒了那么多恶行？"判官答："只要动了邪念就算是恶，不必等到真的犯事。"卫仲达又问善卷里记录了什么事，判官说："朝廷曾想大兴土木，修建三山石桥，你上书劝谏，这是那份谏书。"卫仲达说："我虽然劝谏了，可是朝廷并未采纳，未能起到正面作用，为何它这么重呢？"判官应道："虽然朝廷没有采纳，但你有这样的念头，便已功在万民了；如若朝廷采纳了，那么功德就更大了。"因此只要一心为着国家天下，那么即使只是小小的善意也有很大的力量；如果只为自身，那么即便做得再多，也是微不足道的。

什么是难易？先圣认为要克制自己就要从难处入手。孔子在说仁义时也认为要从难处开始。譬如，江西的舒先生拿出自己两年来仅有的收入代别人偿还了官银，保全了一对夫妻；邯郸的张先生为了救别人的妻子儿女，用自己十年来的积蓄代他们交了赎金。这些都是割舍难以割舍的东西。再如，镇江的靳公虽然年迈且没有孩子，但不忍心纳邻居家的幼女为妾，将她还给了邻居，就是在难以忍耐的情况下忍耐。因此上天会赐予他们深厚的福泽。有钱有势的人能够轻而易举地立下功德，容易却不做，便是自暴自弃。贫贱的人做好事不容易，艰难还肯去做，尤其可贵。

顺从机缘救济众人，其间的种类繁多，简单可列为十条：一、与人为善；二、心怀爱敬；三、成全他人；四、劝人做善事；五、救人于水火之中；六、兴建有利于民的工程；七、施舍财物造福别人；八、维护正法；九、尊重长者；十、爱惜物命。

什么叫与人为善？从前，舜在雷泽湖时看到，年轻人都会到渔产丰富的深水处捕鱼，而那些老弱的人只能在水流湍急的浅滩里捕鱼。此情此景让他心生恻隐之情，于是亲自去捕鱼。看到人们为捕鱼而争抢时，舜不会指出他们的过错，并且避而不谈；看到有的渔夫礼让谦虚，舜会大肆进行宣传，鼓励大家效仿。一年后，渔夫们都会主动把渔产丰富的深水区礼让出来。舜懂得那么多的道理，难道不能通过说教来教化众人吗？可他并没有用言语去劝诫他人，而是用实际行动来感化别人，这就是舜的良苦用心。

我们身处社会风气败坏的时代，不应该用自己的长处去掩盖他人，不要拿自己的善行去与他人做比较，也不能因自己多才多能就使人为难。要收敛自己的才华智慧，让自己看上去和没有才能似的，看到别人出了错要以包容的心态帮忙遮掩。这样做，一方面能促使对方改正，另一方面也能让对方有所顾忌而不敢放纵。看到别人有小优点可以学习，有小善行可以记录，应该反省自己，向其学习，并且大加赞扬、广泛宣传。如果平时说一句话、做一件事，都不是为了自己着想，而是为社会树立典范，那么这就是大人物以天下为公的气度。

什么是爱敬存心？光看表面，很难分辨君子和小人。只有一点能看出善恶之间的天渊之别，并把它们如同黑白一般明确区分开，那就是心里的念头。君子之所以跟别人不一样，就在于他们的心念。君子所存的心，只是爱人、敬人的心。即使人和人之间有远和近、亲和疏、贵和贱、机智和愚笨、贤能和不肖的分别，但都是我们的同胞，和我们是一体的，又有谁不值得尊重爱护呢？爱敬所有人就是爱敬圣人；能够理解所有人的想法，便明了了圣人的想法。为什么呢？圣贤之人心中所念，无非是希望世间的人都能得偿所愿。我们爱护、尊重别人，使他们一世安稳，就是在代替圣人做了这些事。

什么是成人之美？玉被石头包裹，如果丢弃就只是瓦片，如果细心雕琢就能成为美玉。因此但凡看到一个人做了好事，或者看到此人志向可取、有进步的资质，都应该对他们进行引导，并成就他们。或者对他们进行褒奖，或者辅助他们，或者为他们洗脱诬陷和诽谤，总之务必要在他们有所成就后才罢手。

一般来说，人都厌恶与自己不同的人，乡里少有善良的人，大多是邪恶的人。善良的人在这俗世里也很难立足，何况英雄豪杰多性情豪放，刚正不阿，常常不注重形式，更容易被别人诟病。因此做好事往往很难成功，善良的人更容易遭遇诽谤。面临这样的情形，只能靠仁德的长者匡正人们错误的观点，辅佐那些善良的人，这样的功德是最伟大的。

什么是劝人为善？生而为人，谁会完全没有良知呢？只是在世间奔波，容易迷失自我。因此但凡和人相处，应该随时警醒他人，为他们答疑解惑。就如看到某人整夜做噩梦，便要及时唤醒他；看到某人常常苦恼，就要帮他排忧解难，让他清凉自在，这样的恩惠最博大。韩愈说过："只是规劝别人一时需要动嘴，想要规劝百世的人就要著书。"与之前说的与人为善相比，劝人为善虽然形迹外露，但能对症下药，往往能产生神奇的效果，不能荒废。错过规劝别人的机会，或者规劝之言不合时宜，都应当反思自己的智慧。

什么是救人危急？每个人都有可能遭遇灾祸，颠沛流离。如果遇到类似的情况，应当将心比心，快快解救对方。或者帮对方发言申诉冤屈，或者想方设法地帮他摆脱困境。崔子曾说：“恩惠不需要多大，只需要能够解救别人的燃眉之急即可。”这是仁者所说的话啊！

什么是兴建大利？小到一个村庄，大到一个县城，但凡能够有益于大众的，都应该兴建。或开渠引水；或修筑堤坝，防治水患；或修建桥梁，方便人们通行；或施舍茶水饭菜，救济饥渴的人。有机会便倡导众人合力兴修，不要为了避嫌，或者害怕劳累就放弃做这样的事情。

什么是舍财作福？佛家有一万种行善的做法，其中最重要的就是布施。所谓布施，归根究底不过一个“舍”

字。通达的人内可舍弃六根，外可舍弃六尘。所有一切，没有不能舍的。如果做不到这一步，那就从布施钱财开始。世间的人视衣食为生命，因此钱财是最重要的。我舍弃它们，对内可以破除自己的吝啬，对外又可以救人以急。起初可能有些勉强，后来就会变得从容。这样的做法最能洗涤人的自私，去除偏执与吝啬。

什么是护持正法？法就是千万年来种种生灵的眼睛。没有正法，如何调和人与天地的关系？如何繁衍万事万物？如何摆脱尘世的束缚？如何最终脱离俗世达到出世的境界？因此，看到圣贤和寺庙、经书和典籍，都应该怀着敬重的态度并加以修饰。至于弘扬正法，这是为了报答佛祖的恩泽，更要努力践行。

什么是敬重尊长？家中的父亲兄长，国家的君主长官，凡是年岁、德行、地位、见识高的人都应该更加小心地侍奉。在家里赡养照顾父母，要满怀深情，神色亲切，语气柔和，并养成习惯，这就是用和气来感动天地的根本。在外侍奉君王，做事情时不能因为君主不知就为所欲为；惩罚别人的时候，也不能因为君主不知就作威作福。侍奉君主应该像对待上天一样恭敬，这是古人的格言，与阴德最为息息相关。看看那些忠孝的家庭，他们的子孙无不兴荣长久，所以一定要谨慎对待。

什么是爱惜物命？人之所以是人，因为人有恻隐之心。追求仁义的人所求的就是这份恻隐之心，积德的人积攒的也是恻隐之心。《周礼》里有这样的记录：“孟春的时节，不应该用雌性动物祭祀。”孟子说的君子应该远离厨房，以保全自己的恻隐之心。因此古人有四不吃的戒律：听见宰杀声音的不吃，看见宰杀场景的不吃，不吃自己养的，不吃专门为自己杀的。效仿的人即使无法完全戒掉肉食，也要遵守这些戒律。循序渐进，仁慈之心就会不断增长。不要反以杀生作为戒律，要知道，所有有感知的生命都有灵魂，都是物命。为了抽蚕丝而烹煮蚕茧，为了耕地而杀虫，想到衣服食物的由来，都是以杀害某些生灵换来的。因此浪费的罪过与杀生相同。至于手误伤的、脚错踩的生命，更不知道有多少，这些都应该小心谨慎地规避。有古诗说："怜悯老鼠就常常留口饭给它们吃，心疼飞蛾就不要点灯。"这是多么仁慈啊！

能做的善事有许多，不能一一讲完。如果能够从这十件事上去践行，然后推广至其他方面，那么种种德行就完备了。

谦德之效

《易经》说："天道是使盈满亏损而增益谦虚，地道是改变盈满而流向谦虚，鬼神之道是祸害那些骄傲自满的人而造福谦虚的人，人道是厌恶盈满而喜欢谦虚。"因此，谦卦里的六爻都是吉祥的。《尚书》说："自满招来祸患，谦虚将带来裨益。"我多次与别人一同赴考，当穷苦的读书人即将发达时，必能从他们身上看到明显的谦虚的气质。

辛未年间，我上京赴考，与我同时赴考的嘉善同袍总共有十人，其中丁敬宇最年轻，并且十分谦虚。我告诉费锦坡说："丁敬宇今年一定能登科。"费锦坡问："你怎么看出来的？"我说："谦逊能使人收获福祉。你看这十个人里，有人像丁敬宇一般谦逊温和，不与别人争抢吗？有人像他一样恭敬顺从，谨慎且常怀敬畏之心吗？又有人像他那样遭遇侮辱和诽谤也不争不辩吗？一个人能做到这一地步，天地鬼神都会庇佑他，哪里有不发达的道理？"到了开榜之日，丁敬宇果然高中。

丁丑年间，我在京中与冯开之住在一起，发现他已经一改幼年时的习性，变得谦虚内敛。李霁岩是位正直诚实的好友，常常当面指出他的错误，而他每次都心平气和地接受，从未出言抱怨。我告诉他："福泽降临前会有预兆，灾祸降临前也有预兆。如果你的谦逊真是从心而发的，那么上天一定会回报你。你今年一定能考中。"后来果然如我所说。

赵裕峰，名光远，山东冠县人，很小的时候就中了举人，但迟迟没能登科。他的父亲是嘉善的少尹，他便随父亲去嘉善上任。由于崇拜当地学者钱明吾，赵裕峰便带着自己的文章前去拜访。钱明吾全盘否定了他的文章，他不但没有因此生气，还很信服地马上进行修改。结果第二年赵裕峰就考中了进士。

壬辰年间，我进京面圣，并与夏建所相遇，见他身上有种谦逊有礼的气质。回去后，我告知朋友："上天打算赐予一个人福祉，在没降福前，必先赐予他智慧。一旦有了智慧，浮夸的人会变得踏实，乖张的人会变得内敛。建所这么温和良善，一定是上天启发了他。"到了开榜的时候，建所果然考中。

江阴的张畏岩学识渊博，擅长写文章，在书生中颇有名气。甲午年间，他到南京参加乡试，住在一座寺庙里。到了揭榜之时，张畏岩并未上榜，于是他大骂考官，认为对方目不识珠。当时有一位道士在旁边微笑，张畏岩马上迁怒于他。道士说："你的文章一定写得不好。"张畏岩更加生气地应道："你没有读过我的文章，怎么知道不好？"道士说："听说写文章贵在心平气和，如今听你骂声不断，心中满怀不平之气，怎能写出好文章呢？"张畏岩情不自禁地心服，便向那道士请教。道士说："考中与否是命运决定的。如果命中注定不中，那么即使文章写得再好也没用。还是得改变自己。"张畏岩问："既然是命中注定的，我又怎能改变？"道士告诉他："造命的是上天，能立命的是自我。努力行好事，多多积攒阴德，什么福祉求不来呢？"张畏岩再问："我不过是个穷书生，能做什么呢？"道士说："所谓的好事和阴德都是内心决定。怀着这份善念，就能得到无上的功德。例如谦虚谨慎是不费钱的，你为什么不自我反省，反而骂考官呢？”张畏岩从此开始改变自己的习性，约束自己的行为，每天都有改进，阴德日渐深厚。丁酉年间，张畏岩梦见自己到了一处高房，得到了一份考试录取名单，中间有几行缺失。他向身边人询问，那人回答：“这是今年的录取名单。”张畏岩问：“为什么中间少了许多名字？”那个人告诉他：“阴间每三年都会对即将登科的人进行考察，只有那些积攒了阴德，没有过错的人才能册上有名。前面空缺的这些，本是应该上榜的，只因最近有了不好的行为才被抹除。”接着那人指着其中一行说：“你这三年来都十分谨慎地约束自己的行为，或许应该补到此处，希望你好好珍惜。”后来张畏岩果然考了一百零五名。

由此看来，在人头顶三尺处，一定有神明；追求吉祥，规避灾祸，都是由自己决定的。我们必须有意识地约束自己的言行，丝毫不得罪天地鬼神，虚心自抑，以得到天地鬼神时时的怜惜，才能有收获福祉的基础。心高气傲的人一定不能长远，即使偶然发达了也无福消受。但凡有点见识的人一定不肯让自己变得心胸狭隘，以至于断送了福气。何况谦虚的人能够得到教育和指导，进而源源不断地汲取别人的长处，这是那些修习德行的人不能缺少的。

古人说："有志于考取功名的人，一定能够考中；有志于富贵的人，一定能够变得富贵。"人拥有了志向，就如同大树有了根基。立定志向后，一定要保持谦虚，处处为别人着想，这样一来就能感动天地，进而为自己造福。如今祈求登科及第的人，起初并非真的有这样的志向，只是一时兴起罢了。有兴趣的时候就求考，兴致磨灭后就罢休。孟子说："如果君王真的那么喜爱音乐，那么就能够治理好国家，与民同乐了。"我认为考取功名也是一样的道理。

附录

袁了凡居士传

［清］彭绍升 撰

袁了凡先生，名黄，字坤仪，江南吴江人。了凡之先祖，赘嘉善殳氏，遂补嘉善县学生。

隆庆四年，举于乡。万历十四年，成进士，授宝坻知县。后七年，擢兵部职方司主事。

会朝鲜被倭难，来乞师，经略宋应昌奏了凡军前赞画，兼督朝鲜兵。

提督李如松，以封贡绐倭，倭信之，不设备，如松遂袭破倭于平壤。了凡面折如松，不应行诡道，亏损国体；而如松麾下又杀平民为首功，了凡争之强，如松怒，独引兵而东。倭袭了凡，了凡击却之，而如松军果败。思脱罪，更以十罪劾了凡。而了凡旋以拾遗被议，罢职归。

居常善行益切，年七十四终。

熹宗朝，追叙倭功，赠尚宝司少卿。

了凡自为诸生，好学问，通古今之务。象纬律算兵政河渠之说，靡不晓练。

其在宝坻，孜孜求利民。县被潦，了凡乃浚开三岔河，筑堤以御之。

又令民沿海岸植柳，海水挟沙上，遇柳而淤，久之成堤。治沟塍，课耕种，旷土日辟，省诸徭役以便民。

家不富而好施，居常诵持经咒，习禅观，日有课程。公私遽冗未尝暂辍。著戒子文四篇行于世。

夫人贤，常助之施，亦自记功行。不能书，以鹅翎茎渍朱，逐日标历本。或见了凡立功少，辄颦蹙。

尝为子制冬袄，将买花絮。了凡曰："丝绵轻暖，家中自有，何必买絮？"

夫人曰："丝贵花贱，我欲以贵易贱，多制絮衣，以衣冻者耳。"

了凡喜曰："若如是，不患此子无禄矣。"子俨，后亦成进士，终高要知县。

附注：彭绍升（1740—1796），江苏长洲人，字允初，号尺木，又号知归子，法名际清。

著有《一行居集》《居士传》《净土圣贤录》《善女人传》等。

云谷先大师传

［明］憨山德清 撰

师讳法会，别号云谷，嘉善胥山怀氏子。生于弘治庚申，幼志出世，投邑大云寺某公为师。初习瑜伽，师每思曰："出家以生死大事为切，何以碌碌衣食计为？"年十九，即决志操方，寻登坛受具。闻天台小止观法门，专精修习。法舟济禅师，续径山之道，掩关于郡之天宁。师往参叩，呈其所修。舟曰："止观之要，不依身心气息，内外脱然。子之所修，流于下乘，岂西来的意耶？学道必以悟心为主。"师悲仰请益，舟授以念佛审实话头，直令重下疑情。师依教日夜参究，寝食俱废。一日受食，食尽亦不自知，碗忽堕地，猛然有省，恍如梦觉。复请益舟，乃蒙印可。阅《宗镜录》，大悟唯心之旨。从此一切经教，及诸祖公案，了然如睹家中故物。于是韬晦丛林，陆沉贱役。一日阅《镡津集》，见明教大师护法深心，初礼观音大士，日夜称名十万声。师愿效其行，遂顶戴观音大士像，通宵不寐，礼拜经行，终身不懈。

时江南佛法禅道，绝然无闻。师初至金陵，寓天界毘卢阁下行道，见者称异。魏国先王闻之，乃请于西园丛桂庵供养，师住此入定三日夜。居无何，予先太师祖西林翁，掌僧录，兼报恩住持，往谒师，即请住本寺之三藏殿。师危坐一龛，绝无将迎，足不越阃者三年，人无知者。偶有权贵游至，见师端坐，以为无礼，谩辱之。师曳杖之摄山栖霞。

栖霞乃梁朝开山，武帝凿千佛岭，累朝赐供赡田地。

道场荒废，殿堂为虎狼巢。师爱其幽深，遂诛茅于千佛岭下，影不出山。时有盗侵师，窃去所有，夜行至天明，尚不离庵。人获之，送至师。师食以饮食，尽与所有持去，由是闻者感化。太宰五台陆公，初仕为祠部主政，访古道场，偶游栖霞，见师气宇不凡，雅重之。信宿山中，欲重兴其寺，请师为住持。师坚辞，举嵩山善公以应命。善公尽复寺故业，斥豪民占据第宅，为方丈、建禅堂、开讲席、纳四来。江南丛林肇于此，师之力也。

道场既开，往来者众，师乃移居于山之最深处，曰“天开岩”，吊影如初。一时宰官居士，因陆公开导，多知有禅道，闻师之风，往往造谒。凡参请者，一见，师即问曰：“日用事如何？”无论贵贱僧俗，入室必掷蒲团于地，令其端坐，返观自己本来面目，甚至终日竟夜无一语。临别必叮咛曰：“无空过日。”再见，必问别后用心功夫，难易若何。故荒唐者，茫无以应。以慈愈切而严益重，虽无门庭设施，见者望崖不寒而栗。然师一以等心相摄，从来接人软语低声，一味平怀，未尝有辞色。士大夫归依者日益众，即不能入山，有请见者，师以化导为心，亦就见。岁一往来城中，必主于回光寺。每至，则在家二众，归之如绕华座。师一视如幻化人，曾无一念分别心。故亲近者，如婴儿之傍慈母也。出城多主于普德，臞鹤悦公实禀其教。

先太师翁，每延入丈室，动经旬月。予童子时，即亲近执侍，辱师器之，训诲不倦。予年十九，有不欲出家意。师知之，问曰："汝何背初心耶？"予曰："第厌其俗耳。"师曰："汝知厌俗，何不学高僧？古之高僧，天子不以臣礼待之，父母不以子礼畜之。天龙恭敬，不以为喜。当取《传灯录》《高僧传》读之，则知之矣。"

予即简书笥，得《中峰广录》一部，持白师。师曰：“熟味此，即知僧之为贵也。”予由是决志薙染，实蒙师之开发，乃嘉靖甲子岁也。丙寅冬，师愍禅道绝响，乃集五十三人，结坐禅期于天界。师力拔予入众同参，指示向上一路，教以念佛审实话头，是时始知有宗门事。比南都诸刹，从禅道者四五人耳。

师垂老，悲心益切。虽最小沙弥，一以慈眼视之，遇之以礼，凡动静威仪，无不耳提面命，循循善诱，见者人人以为亲己。然护法心深，不轻初学，不慢毁戒。诸山僧多不律，凡有干法纪者，师一闻之，不待求而往救，必恳恳当事，佛法付嘱王臣为外护，惟在仰体佛心，辱僧即辱佛也。闻者莫不改容释然，必至解脱而后已，然竟罔闻于人者。故听者，亦未尝以多事为烦。久久，皆知出于无缘慈也。了凡袁公未第时，参师于山中，相对默坐三日夜，师示之以唯心立命之旨。公奉教事，详《省身录》。由是师道日益重。隆庆辛未，予辞师北游。师诫之曰：“古人行脚，单为求明己躬下事，尔当思他日将何以见父母师友，慎毋虚费草鞋钱也。”予涕泣礼别。

壬申春，嘉禾吏部尚书默泉吴公、刑部尚书旦泉郑公、平湖太仆五台陆公与弟云台，同请师故山。诸公时时入室问道，每见必炷香请益，执弟子礼。达观可禅师，常同尚书平泉陆公、中书思庵徐公，谒师扣《华严》宗旨。师为发挥四法界圆融之妙，皆叹未曾有。

师寻常示人，特揭唯心净土法门，生平任缘，未常树立门庭。诸山但有禅讲道场，必请坐方丈。至则举扬百丈规矩，务明先德典刑，不少假借。居恒安重寡言，出语如空谷音。定力摄持，住山清修，四十余年如一日，胁不至席。终身礼诵，未尝辍一夕。当江南禅道草昧之时，出入多口之地，始终无议之者，其操行可知已。

师居乡三载，所蒙化千万计。一夜，四乡之人，见师庵中大火发。及明趋视，师已寂然而逝矣，万历三年乙亥正月初五日也。师生于弘治庚申，世寿七十有五，僧腊五十。弟子真印等，荼毗葬于寺右。

予自离师，遍历诸方，所参知识，未见操履平实、真慈安详之若师者。每一兴想，师之音声色相，昭然心目。以感法乳之深，故至老而不能忘也。师之发迹入道因缘，盖常亲蒙开示。第末后一着，未知所归。前丁巳岁，东游，赴沈定凡居士斋。礼师塔于栖真，乃募建塔亭，置供赡田，少尽一念。见了凡先生铭未悉，乃概述见闻行履为之传，以示来者。师为中兴禅道之祖，惜机语失录，无以发扬秘妙耳。

释德清曰：达摩单传之道，五宗而下，至我明径山之后，狮弦将绝响矣。唯我大师，从法舟禅师，续如线之脉。虽未大建法幢，然当大法草昧之时，挺然力振其道，使人知有向上事。其于见地稳密，操履平实，动静不忘规矩，犹存百丈之典刑。遍阅诸方，纵有作者，无以越之。岂非一代人天师表欤！清愧钝根下劣，不能克绍家声，有负明教。至若荷法之心，未敢忘于一息也。敬述师生平之概，后之观者，当有以见古人云。

云谷禅师授袁了凡功过格

参云栖大师自知录

准百功：

救免一人死。完一妇女节。阻人不溺一子女。为人延一嗣。

准五十功：

免堕一胎。当欲染境，守正不染。收养一无倚。葬一无主骸骨。救免一人流离。救免一人军徒重罪。白一人冤。发一言利及百姓。

准三十功：

施一葬地与无土之家。化一为非者改行。度一受戒弟子。完聚一对夫妇。收养一无主孤儿。成就一人德业。

准十功：

荐引一有德人。除一人害。编纂一切众经法。以方术治一人重病。发至德之言。有财势可使而不使。善遣妾婢。救一有力报人之畜命。

准五功：

劝息一人讼。传人一保益性命事。编纂一保益性命经法。以方术救一人轻疾。劝止传播人恶。供养一贤善人。祈福禳灾，但许善愿不杀生。救一无力报人之畜命。

准三功：

受一横不嗔。任一谤不辩。受一逆耳言。免一应责人。劝养蚕、渔人、猎人、屠人等改业。葬一自死畜类。

准一功：

赞一人善。掩一人恶。劝息一人争。阻人一非为事。济一人饥。留无归人一宿。救一人寒。施药一服。施行劝济人书文。诵经一卷。礼忏百拜。诵佛号千声。讲演善法，谕及十人。兴事利及十人。拾得遗字一千。饭一僧。护持僧众一人。不拒乞人。接济人畜一时疲顿。见人有忧，善为解慰。肉食人持斋一日。见杀不食。闻杀不食。为己杀不食。葬一自死禽类。放一生。救一细微湿化之属命。作功果荐沉魂。散钱粟衣帛济人。饶人债负。还人遗物。不义之财不取。代人完纳债负。让地让产。劝人出财做种种功德。不负寄托财物。建仓平粜。修造路桥。疏河掘井。修置三宝寺院、造三宝尊像及施香烛灯油等物。施茶、舍棺等一切方便事。自“作功果”以下，俱以百钱为一功。

准百过：

致一人死。失一妇女节。赞人溺一子女。绝一人嗣。

准五十过：

堕一胎。破一人婚。抛一人骸。谋人妻女。致一人流离。致一人军徒重罪。教人不忠、不孝、大恶等事。发一言害及百姓。

准三十过：

造谤诬陷一人。摘发一人阴私与行止事。唆一人讼。毁一人戒行。违背师长。抵触父兄。离间人骨肉。荒年积囤五谷不粜生索。

准十过：

排摈一有德人。荐用一匪人。平人一冢。凌孤逼寡。受畜一失节妇。畜一杀众生具。恶语向尊亲、师长、良儒。修合害人毒药。非法用刑。毁坏一切正法经典。诵经时，心中杂想恶事。以外道邪法授人。发损德之言。杀一有力报人之畜命。

准五过：

讪谤一切正法经典。见一冤可白不白。遇一病求救不救。阻绝一道路桥梁。编纂一伤化词传。造一诨名歌谣。恶口犯平交。杀一无力报人之畜命。非法烹炮生物，使受极苦。

准三过：

嗔一逆耳言。乖一尊卑次。责一不应责人。播一人恶。两舌离间一人。欺诳一无识。毁人成功。见人有忧，心生畅快。见人失利、失名，心生欢喜。见人富贵，愿他贫贱。失意辄怨天尤人。分外营求。

准一过：

没一人善。唆一人斗。心中暗举恶意害人。助人为非一事。见人盗细物不阻。见人忧惊不慰。役人畜，不怜疲顿。不告人取人一针一草。遗弃字纸、暴弃五谷天物。负一约。醉犯一人。见一人饥寒不救济。诵经差漏一字句。僧人乞食不与。拒一乞人。食酒肉五辛，诵经登三宝地。服一非法服。食一报人之畜等肉。杀一细微湿化属命。覆巢破卵。背众受利，伤用他钱。负贷。负遗。负寄托财物。因公恃势乞索、巧索，取人一切财物。废坏三宝尊像以及殿宇、器用等物。斗秤等小出大入。贩卖屠刀、渔网等物。自“背众受利”以下，俱以百钱为一过。

图书在版编目（CIP）数据

了凡四训 /（明）袁了凡著；吴婉绚译注. -- 沈阳：万卷出版公司，2022.1（2024.2 .重印）

ISBN 978-7-5470-5836-7

Ⅰ. ①了… Ⅱ. ①袁… ②吴… Ⅲ. ①家庭道德-中国-明代②《了凡四训》-注释③《了凡四训》-译文 Ⅳ. ①B823.1

中国版本图书馆CIP数据核字（2021）第220907号

出版发行：北方联合出版传媒（集团）股份有限公司
　　　　　万卷出版公司
　　　　　（地址：沈阳市和平区十一纬路25号　邮编：110003）
印 刷 者：北京永顺兴望印刷厂
经 销 者：全国新华书店
幅面尺寸：145mm × 210mm
字　　数：60千字
印　　张：5
出版时间：2022年1月第1版
印刷时间：2024年2月第2次印刷
责任编辑：高　爽
责任校对：张兰华
装帧设计：卷帙设计 QQ: 2649686699
ISBN 978-7-5470-5836-7
定　　价：39.90元
联系电话：024-23284090
传　　真：024-23284448
